合肥工业大学图书出版专项基金资助项目

速写·徽州

SU XIE HUI ZHOU

郑志元 著 陈 刚 主审

合肥工業大學出版社

目　录

徽州祠堂

俞氏宗祠 …… 002
胡氏宗祠 …… 004
百柱宗祠 …… 006
周氏宗祠 …… 008
吴氏宗祠 …… 010
鲍氏支祠 …… 012
郑氏宗祠 …… 014
进士第 …… 016
贞一堂 …… 018
司谏第 …… 020
馀庆堂 …… 022
叶奎光堂 …… 024
清懿堂 …… 026
敬爱堂 …… 028

徽州民居

潜口民宅 …… 034
承志堂 …… 036
膺福堂 …… 038
程氏三宅 …… 040
大夫第 …… 042
方文泰宅 …… 044
云溪别墅 …… 046
瑞玉庭 …… 048
八大家 …… 050
胡适故居 …… 052
巴慰祖故居 …… 054
履福堂 …… 056
笃敬堂 …… 058
笃谊庭 …… 060
碧园 …… 062
冰凌阁 …… 064
木雕楼 …… 066

徽州牌坊

棠樾牌坊群 …… 072
四面四柱石坊 …… 074
许国石坊 …… 076
四世一品坊 …… 078
奕世尚书坊 …… 080
昌溪木牌坊 …… 082
胡文光刺史坊 …… 084
方氏宗祠坊 …… 086

徽州书院

南湖书院 …… 092
竹山书院 …… 094
古紫阳书院 …… 096
文庙书院 …… 098

徽州廊亭

洪桥 …… 102
彩虹桥 …… 104
善化亭 …… 106
绿绕亭 …… 108
沙堤亭 …… 110

徽州古塔

新州石塔 …… 114
长庆寺塔 …… 116
富琅塔 …… 118
神皋塔 …… 120
下詹塔 …… 122

参考文献

祠堂是宗族祭祖、议事、管理和进行其他宗族活动的场所，也是族权的象征。作为徽州建筑中最具特色的公共建筑之一，祠堂在徽州的村落建筑中居于核心的地位。宋元时期，修建宗祠在徽州尚未形成一种普遍的社会现象，且多数祠堂还与家族庙宇连在一起。到了明嘉靖时期，徽州掀起了宗祠建设的高潮。此后，从万历时期一直到明末，徽州祠堂建设达到了一个高峰，表现为数量多、类型广、规模大、规格高等特点。到了清代，以盐商为代表的徽商再度崛起，在徽商、徽州籍官员和士绅的推波助澜下，康熙至乾隆、嘉庆时期，徽州又掀起了一次祠堂建设高潮。这既是徽商、徽州科第繁盛的一个集中反映，也是徽州宗族与社会繁荣发展的一个缩影。徽州宗祠的布局大多位于聚落的中轴线上，或是较为开阔的空间，或依山傍水而建，或在地势相对较高处，建筑规制以三进五凤楼式砖木结构为主。徽州宗祠的布局和规制是历史上特别是明清以来徽州宗族尊祖敬宗理念和实践的结晶。

徽州古祠堂是徽州建筑一绝（古祠堂、古民居、古牌坊）。在徽州历史上，徽州宗族自宋以来广建祠堂，最多时达五六千座。这些徽州宗族的统宗祠、宗祠、支祠、家祠、专祠，集全族之财力、选最好的地段、用最好的材料、雇最好的工匠，精心构建和装饰。许多祠堂建造得富丽堂皇、宏伟气派，砖、木、石雕装饰精美绝伦，成为宗族祭祀的圣殿和族人议事、仲裁、励学、惩戒的公共场所。徽州祠堂和宗族管理机构、族谱族规共同组成宗族社会对族众的强力掌控，形成千百年来徽州稳定的社会结构。徽州祠堂是徽州宗法的物化，也是徽州文化的重要物质遗产之一。

徽州村落面积不大，往往以牌坊或水口为开端，沿一条串联严整的轴线展开，远近高低、错落有致。民居以街巷、河道为骨架和依托，采取不对称布局，大小、景观要素各不相同、富于变化。徽派祠堂则多位于村落的出入要地或者中心地带，傍山或建在有坡度的地方，建筑依地形逐渐高起。在村落中，祠堂和书院作为公共场所，与普通民居有适度的距离。这种设置，既保持了祠堂的威严，又与村民的生活空间有充分的互动。在祠堂朝向上，男祠一般坐北朝南或坐西朝东，女祠则往往坐南朝北或坐东朝西。同时，祠堂所在村落的位置布局、地势环境等也会对祠堂朝向有所制约。

徽州的祠堂作为村落中的家族“圣殿”，是村落中的精神与实体核心。祠堂尤其是宗祠布局时都建在村落绝对核心的位置，其他建筑都围宗祠而建，规模、高度与奢华程度等都不能超过宗祠，比如西递的宗祠“敬爱堂”、南屏的宗祠“叙秩堂”、宏村的“乐叙堂”、唐模的许氏宗祠等都分布在村中的中轴线上，整个村庄都以宗祠为中心展开，宗祠居高临下统领着整个村庄。

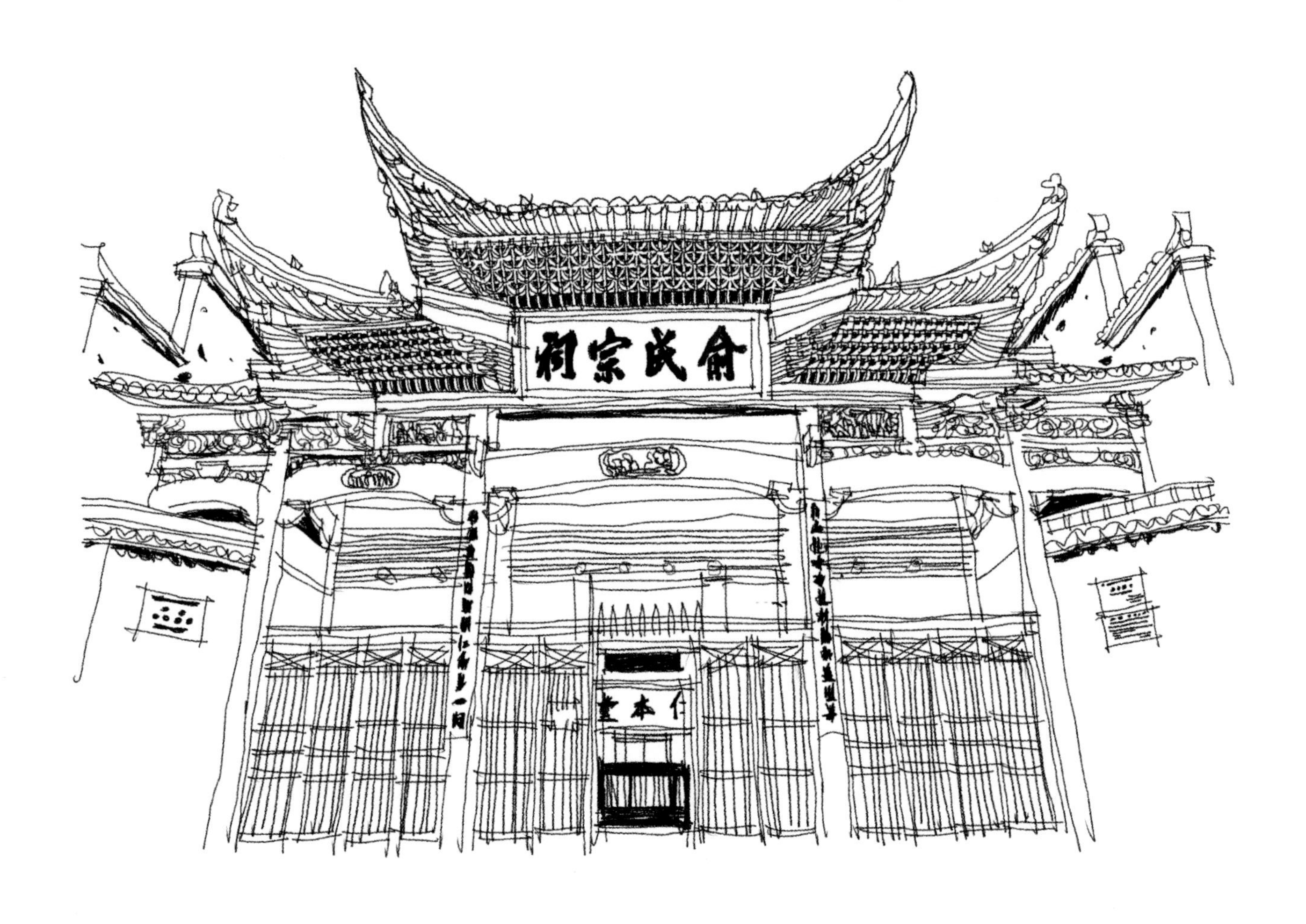

地域归属：江西省婺源县
精确定位：江湾镇汪口村
建造时期：清乾隆年间
材料形式：砖木

简　介

俞氏宗祠是始建于清乾隆年间的家族祠堂建筑，属于俞氏家族祭祀祖先和先贤的场所。位于婺源县东北28千米的汪口村，由朝议大夫俞应纶（正三品）入宫后省亲回乡时捐资兴建。中轴歇山式，坐西北朝东南，平面呈长方形，宽15.6米，纵深42.6米，周环高10米的砖墙，占地面积665平方米。

俞氏宗祠木雕堪称一绝，属于徽州木雕。宗祠由山门、享堂、后寝组成，两侧有花园，园内三棵古桂至今年年吐芳。祠内斗拱、脊吻、檐椽、雀替、柱础，无不考究形制，凡木质构件均巧琢雕饰，有大中小的各种形体和各种图案一百多组。刀法有浅雕、深雕、透雕、圆雕，细腻纤巧、精美绝伦。

1

在纸面上确定物体基本比例和透视关系，找准物体结构特征和关键线条。

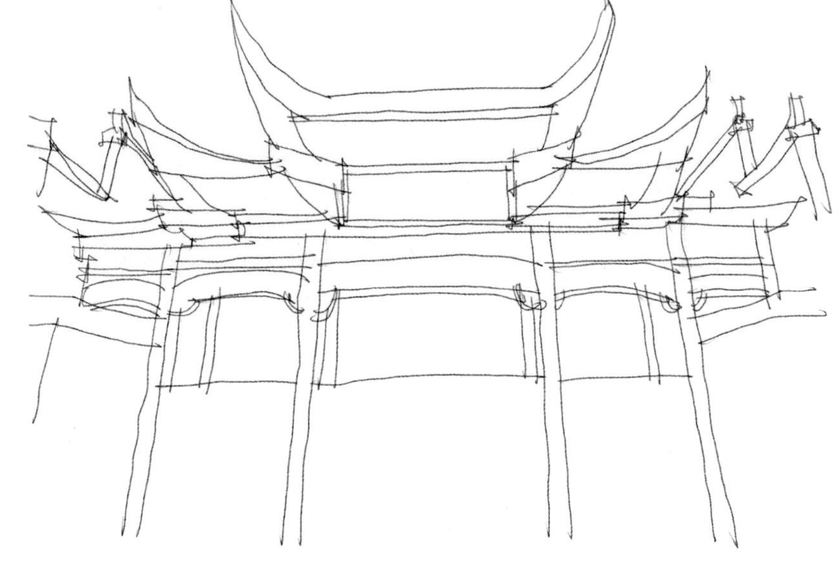

2

进一步细化，完善各部分结构特征，基本刻画出物体空间前后关系。

3

丰富细节，基本完成对象整体空间关系绘制，局部作进一步刻画。

地域归属：安徽省绩溪县
精确定位：瀛洲乡大坑口村
建造时期：明代中期
材料形式：砖木

简　介

龙川胡氏宗祠位于绩溪县瀛洲乡大坑口村南，东距县城12千米。据历史记载，村前有龙须山，村中有一条小溪（称川）穿村而过，古称龙川。后人认为小溪（又称坑）出口流入登源大河，龙可以畅溪，故改为坑口。该祠堂初建于宋，明嘉靖年间兵部尚书胡宗宪对祠堂进行过一次大修，最后一次是在清光绪二十四年（1898）重修，仍旧保持明代风格。建筑群坐北朝南，建筑面积1146平方米，三进七开间，由影壁、平台、门楼、庭院、廊庑、享堂、厢房、寝楼及特祭祠等九大部分组成。

1

观察被刻画物体的基本特征，厘清其刻画重点和难点。在此基础上初步勾勒物体形态，确定物体的长宽比例。

2

在前期刻画的基础上，根据画面需要，适当增加被刻画物体的细节，初步拉开物体的前后关系。

3

继续完善细节，对被刻画物体的典型元素展开重点刻画，突出其造型特征。同时，增加明暗关系，进一步塑造物体前后空间，使其空间具有层次性。

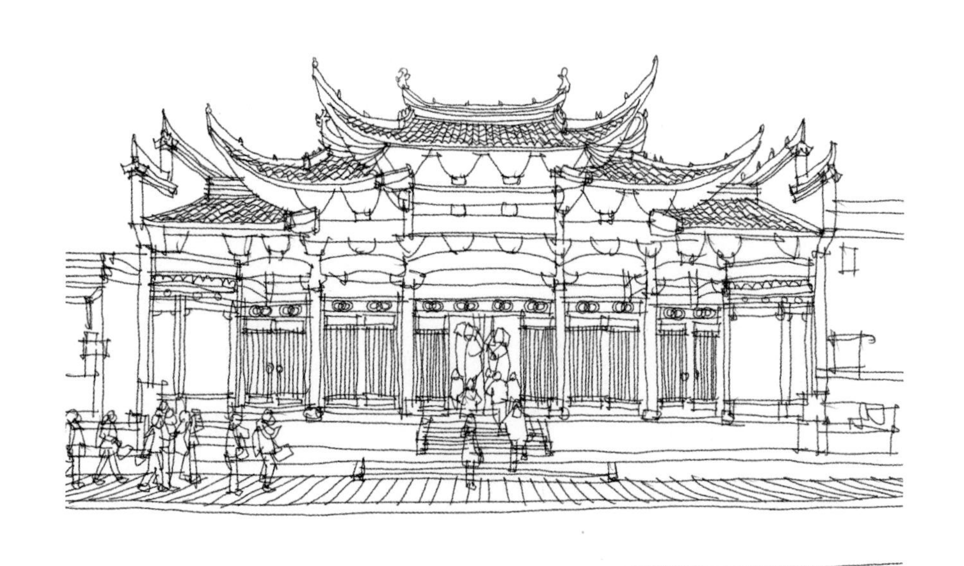

地域归属：江西省婺源县
精确定位：古坦乡黄村
建造时期：清康熙年间
材料形式：砖木

简　介

黄村百柱宗祠又名经义堂，建于清康熙年间，属于黄村家族祭祀祖先和先贤的场所。祠堂为砖木结构，由庭院、门楼、正堂、后堂、后寝组成，面积1200平方米。正堂中央悬挂清朝文华殿大学士张玉书所题“经义堂”匾额，大梁上有“鳌鱼吐云”“龙凤呈祥”等图案，雕工十分精美。四个石基上深刻“鹭鸶戏莲”“凤戏牡丹”“仙鹤登云”“喜鹊含梅”纹饰。

由于百柱宗祠建于明末清初，既保留了明代建筑的特点，又开创了清代盛世徽派建筑的先河。宗祠的“月台”“重门”等建筑结构，有别于其他同类祠堂，国内众多古建筑专家一致认为，该宗祠形制特点是明清过渡时期徽建典范的存世孤例。

1

确认被刻画物体基本关系。此幅图为远景眺望，重点是刻画建筑与空间环境的关系。建筑自身因为被遮挡，只显露出上半部分空间，其与周边场景明暗关系的处理需提前思考。

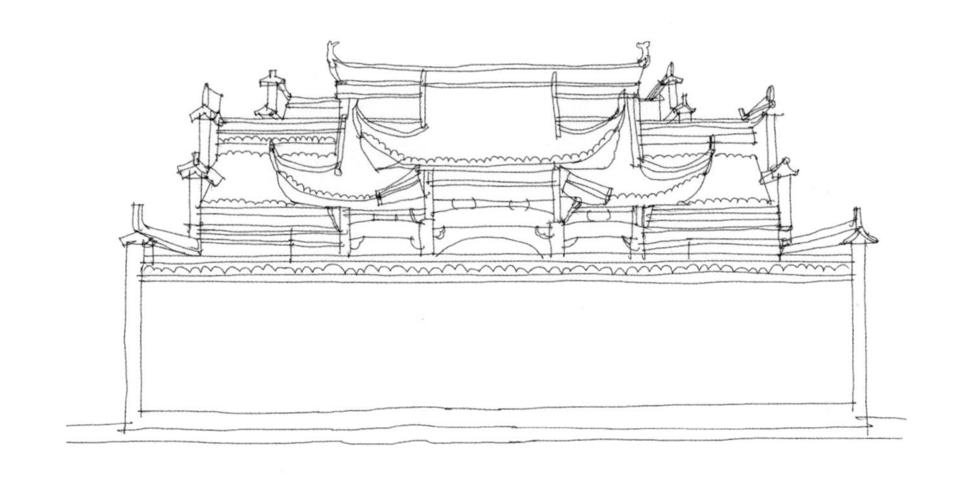

2

因采取的思路是建筑偏暗、环境偏亮，因此在刻画过程中重点刻画建筑物，待建筑物基本刻画完成后，快速刻画周边场景，形成鲜明的明暗对比关系。

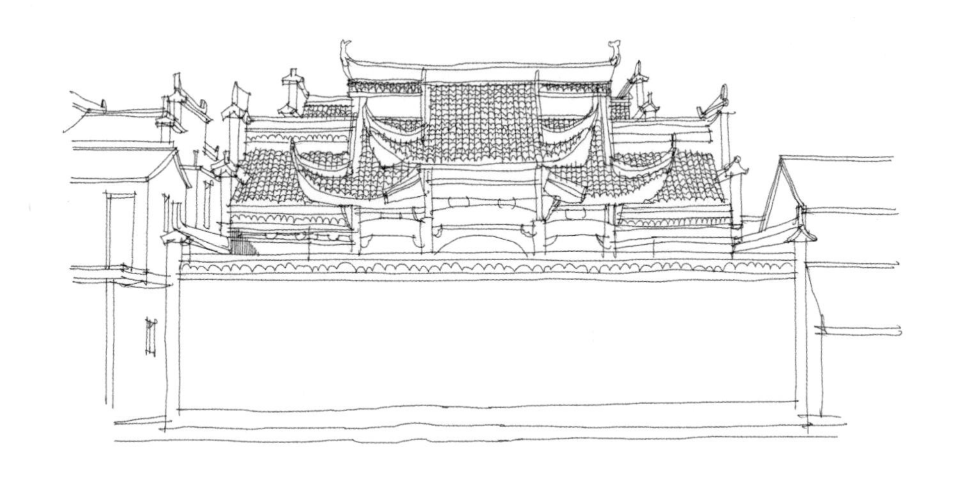

3

整体思路确定后，根据画面需要，组合画面的黑白灰关系。通常情况下，黑色最少，起到画龙点睛的作用。

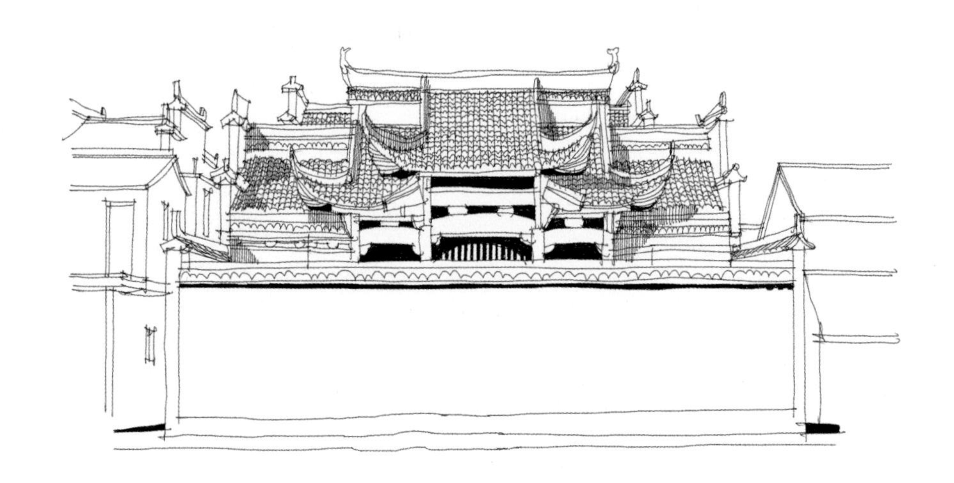

周氏宗祠

地域归属：安徽省绩溪县

精确定位：华阳镇曹家井39号

建造时期：明嘉靖年间

材料形式：砖木

简　介

周氏宗祠是一处建于明嘉靖年间的汉族祠堂建筑，属于汉民族祭祀祖先和先贤的场所。清乾隆年间进行了扩建和修缮。周氏宗祠由影壁、门楼、庭院、廊庑、正厅、厢房及后进奉先楼等部分组成，现存建筑面积为1156平方米。周氏宗祠规模宏大，蔚为大观，门楼为重檐歇山式屋顶，面阔七间，进深两间。走进周氏宗祠，仰望顶部，木雕额枋上的一幅鲤鱼跳龙门的图案“跃”入眼帘，反映出周氏先人对美好生活的追求和向往；而下一块额枋雕刻的是福、禄、寿三星图。俯首须弥座上的一幅幅浅浮雕刻花鸟图，既生动又别致，让人仿佛置身于花鸟世界。仪门两侧，石鼓对峙，上方悬挂“周氏宗祠”匾额。

1

根据物体的场景特征，提前确定其刻画重点和明暗关系。在此基础上开始起稿，刻画出物体的基本空间走向，为后续深入刻画打下基础。

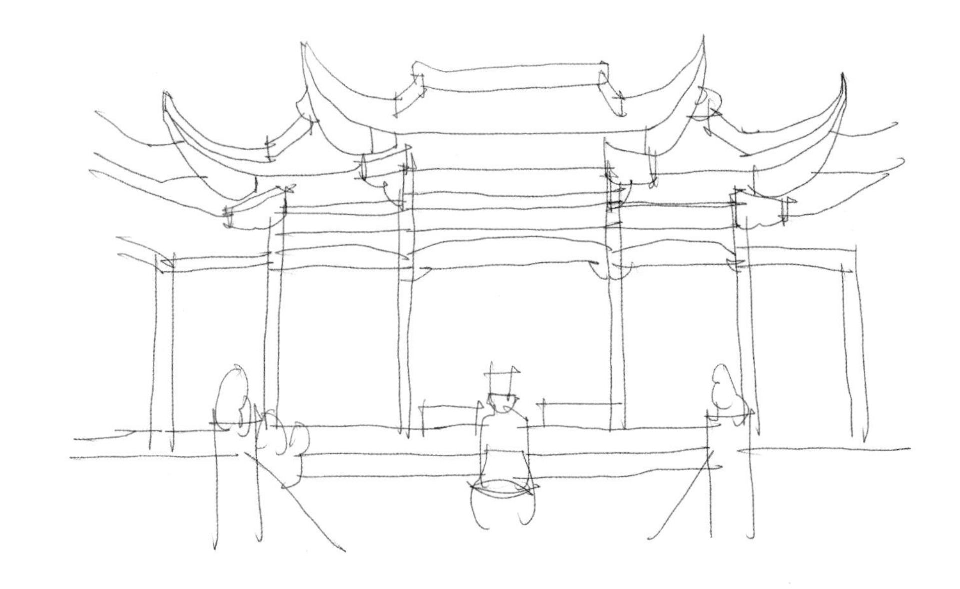

2

进一步细化空间，充实被刻画物体的场景特征和空间序列感。对建筑典型空间着手开展刻画，初步形成视觉中心。

3

结合画面刻画需要，确定画面整体关系。同时对重点空间进行强化，在对比和前后呼应的过程中，完成空间场景的刻画。

吴氏宗祠

地域归属：安徽省歙县

精确定位：北岸村

建造时期：明早期

材料形式：砖木

简　介

徽州歙县吴氏宗祠是一处始建于明代的家族祠堂建筑，坐落于徽州歙县北岸村，属于吴氏家族祭祀祖先和先贤的场所。宗祠内的木雕圆润而饱满，宗祠内的砖雕细腻而大气，宗祠内的石雕闻名中外——西湖十景图、百鹿图，特别是53件礼器更是家族祭祀文化的瑰宝。吴氏宗祠通过自身的建筑形式和徽派三雕精品的奉献，对徽州的家族祭祀文化、宗族文化、雕刻艺术、绘画艺术及历史渊源作了无声的描述，是博大精深的徽文化的具体体现。

1

在具体刻画之前，对被刻画物体展开全面观察，确定其刻画重点。在此基础上，快速起稿，初步描绘出物体基本轮廓。

2

继续深入，充实物体细节，根据画面需要，适当对重点区域进行详细刻画，形成基本的画面关系。

3

结合画面需要和物体造型特征，对重点区域进行详细刻画。也可以根据画面整体的黑白灰关系，对画面进行主观调整，形成画面视觉中心。

鲍氏支祠

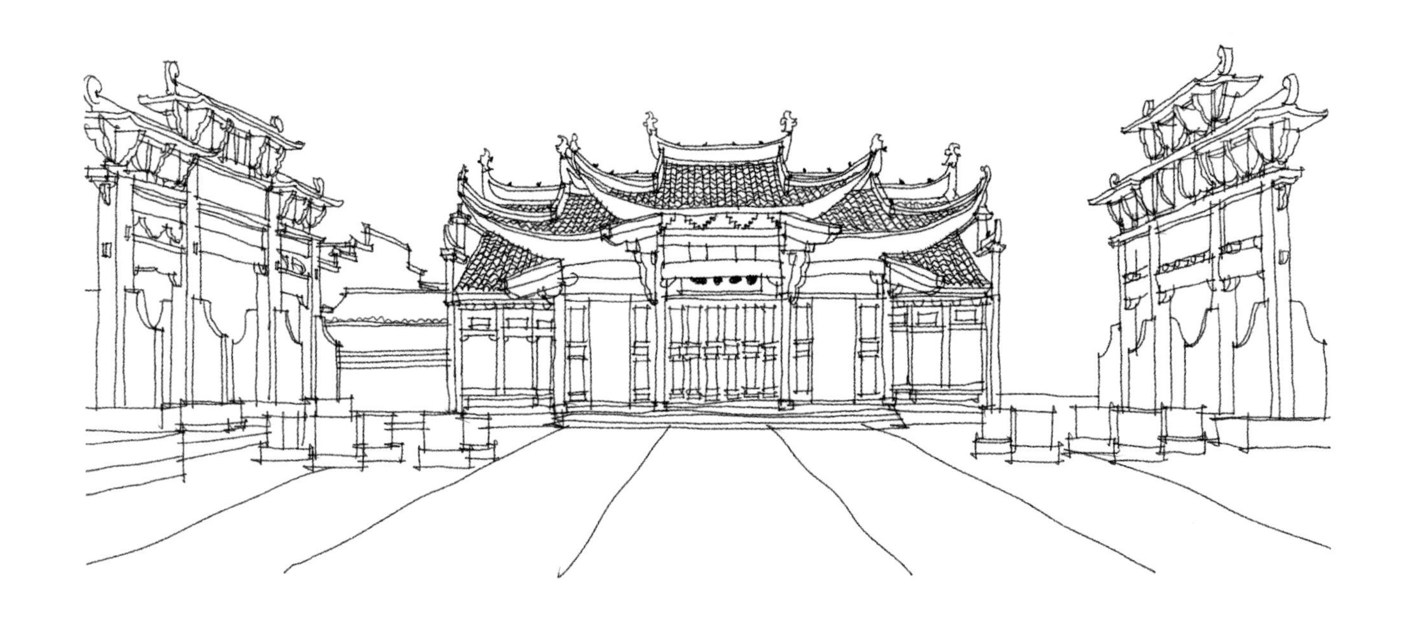

地域归属： 安徽省歙县

精确定位： 郑村镇棠樾村

建造时期： 明嘉靖年间

材料形式： 砖木

简　　介

鲍氏支祠右原有文会，左有西畴书院，现皆毁。鲍氏支祠始建于1561年，1791年重修。门外有砖雕八字墙，前为五凤楼，祠内分享堂和寝室两部分。世孝祠建于1801年，位于鲍氏支祠右，中间为文会。宋以后，凡历代鲍氏以孝行著名者，均奉把该祠。世孝祠门额为隶书，系清书法家邓石如所书。檐廊两底壁间，嵌“世孝事实”碑六方。因家祠只奉男主，不奉女主，清嘉庆间又建有清懿堂，安放鲍氏妇女神位。女祠构架宏大，大门外有极精致纤丽的砖雕门墙装饰。享堂前后有拱形轩顶，天井下有储水池，廊屋环匝，檐柱为石质。

1

分析被刻画物体的空间特征，确认其视觉中心和刻画重点。在此基础上，快速起笔绘制其基本空间关系。

2

结合画面刻画需要和整体画面效果，对画面局部进行刻画，明确被刻画对象的典型特征，基本描绘出其空间特点和典型场景特征。

3

继续细化，对视觉中心进行着重处理，使整个画面的重心与刻画的场景特征相符合。

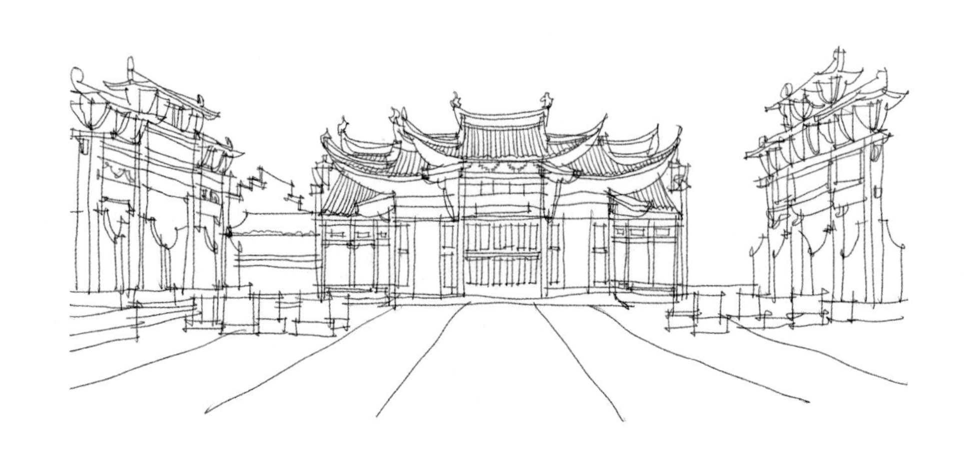

地域归属：安徽省歙县
精确定位：郑村镇郑村村
建造时期：明成化年间
材料形式：砖木

简　介

郑氏宗祠位于歙县郑村镇郑村村，是郑氏的祖祠，始建于明成化年间的家族祠堂建筑，属于郑氏家族祭祀祖先或先贤的场所。是为纪念元代著名学者、教育家郑玉（人称“师山先生”）而建，距今已有500多年历史。宗祠占地1856平方米，规模宏大、空间层次丰富，为典型的徽州廊院式祠堂。郑氏宗祠从前往后，由门坊、门厅、享堂、寝堂四部分组成。

1

在具体刻画前，对画面进行观察，了解其典型特征。此幅图在刻画中，原场景比较杂乱，牌坊和宗祠混在一起，因此在刻画过程中需对画面黑白灰进行再加工，使画面层次分明。

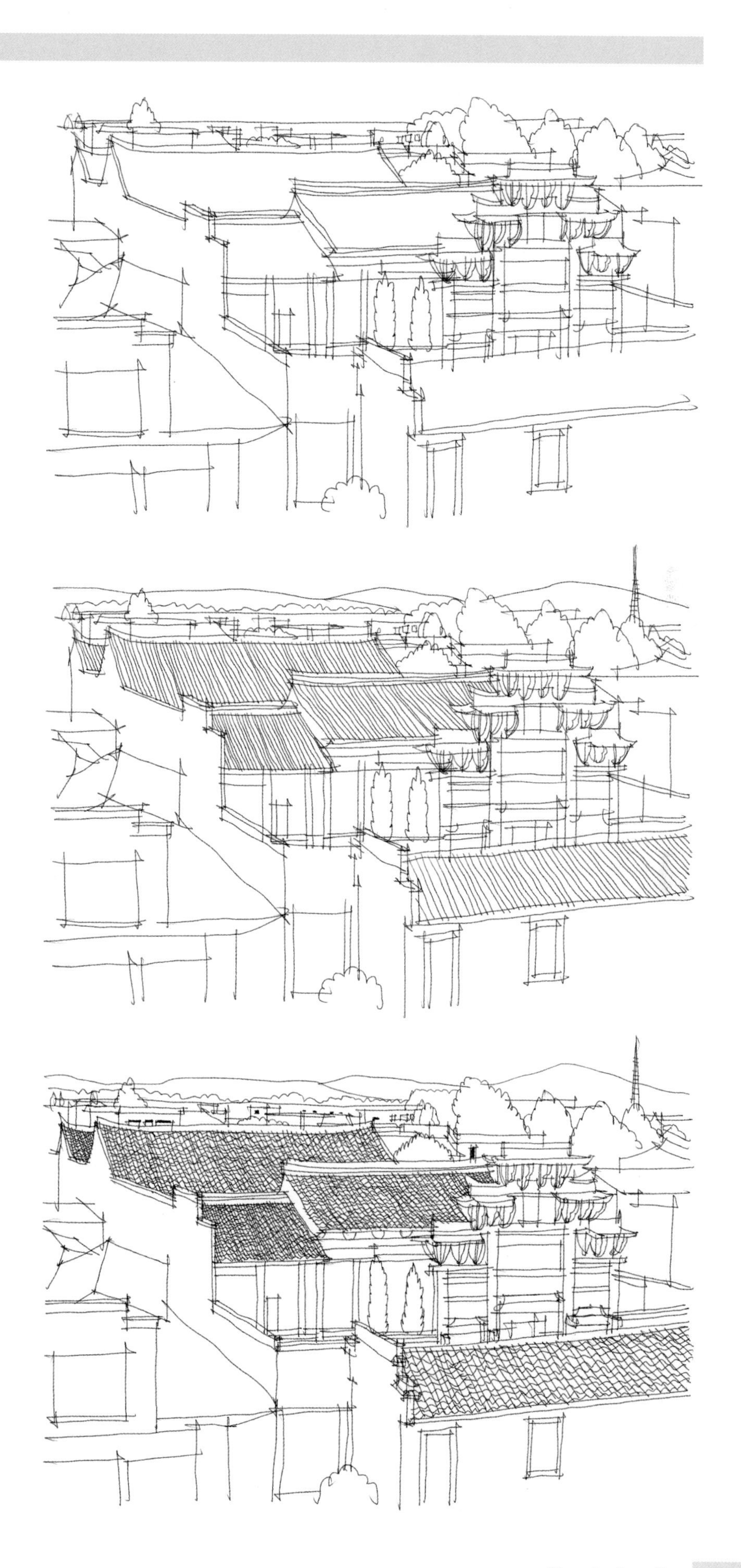

2

在快速绘制被刻画物体基本空间关系之后，进一步观察画面，确认不同材质物体的黑白灰关系，进而开展下一步的刻画。

3

继续完善画面，使物体对比更加鲜明，各个空间层次能够清晰地被区分。

地域归属：安徽省休宁县
精确定位：东洲乡典村
建造时期：明嘉靖年间
材料形式：砖木

简　介

进士第为明嘉靖年间进士黄福所建，原为黄福府第，后为家祠。府第占地面积790平方米，脊高12米，进深51米，通面宽15.5米，前后共四进，依次为门楼、门屋、享堂、寝楼，每进庭院两侧均有侧廊相连。但门屋前增建有门楼，寝楼后又加一天井，并在后天井的垣墙上做假门楼，在纵轴线上形成进深为五进的格局。该房门楼上嵌有一块木匾，其上写“进士第”三个大字。整座建筑有木柱102根，主柱围粗1.6米，选料讲究。横梁上雕刻龙、凤、狮、虎等异禽猛兽，刀法细腻，形象生动。

1

观察被刻画对象，确定画面刻画的重点和难点。此后，快速起笔刻画物体基本比例关系，为后续进一步刻画打下基础。

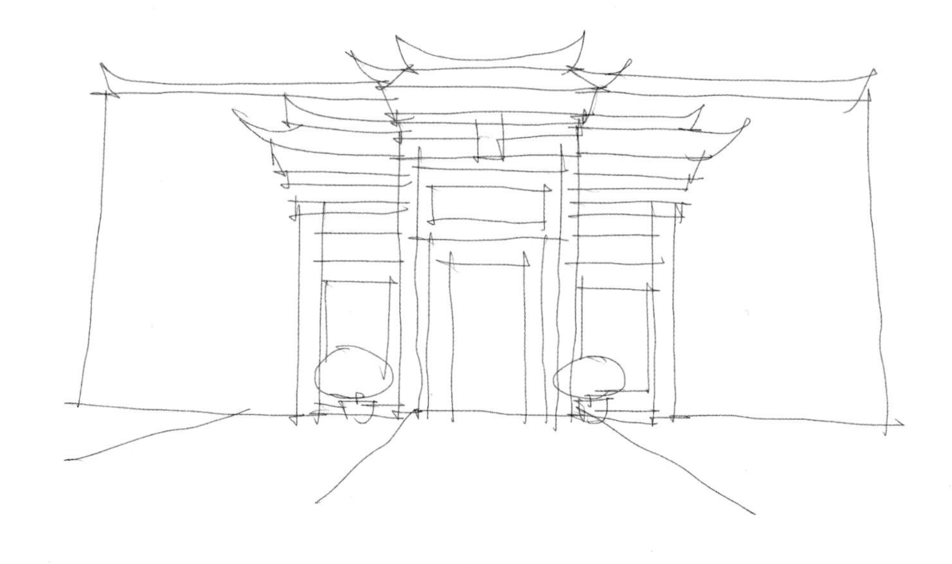

2

进一步完善细节，绘制出被刻画物体的具体造型特征。

3

结合画面需要，对画面局部进行着重刻画，突出特色。

贞 一 堂

地域归属：安徽省祁门县
精确定位：渚口乡渚口村
建造时期：明初
材料形式：砖木

简 介

贞一堂始建于明初，后毁于兵火，清康熙年间重建，宣统二年（1910）正月十六，被元宵灯火所焚，仅存朝门门楼。民国十三年（1924）村人集资再修。整个建筑分祠堂与朝门两个部分，主体有前、中、后三进，中进为正堂，后进为宗族祭祀之处。建筑面积为978平方米。朝门门前有一对“黟县青”抱鼓石，雕以龙凤。大堂斗拱较小，层次较多，风格比较富丽。大堂后天井下有天池，池上有天桥通步，桥上有狮座桥柱3对。贞一堂制作讲究，精雕细刻，被誉为皖南地区“民国时期的第一大祠堂”。

1

室内空间是大家较为熟悉的空间，也是平常在刻画过程中最容易出错的空间。由于大家对室内比较熟悉，因此哪怕透视出现一点小的错误都很容易被发现。在刻画室内物体的过程中，一定要注意画面的透视走向。

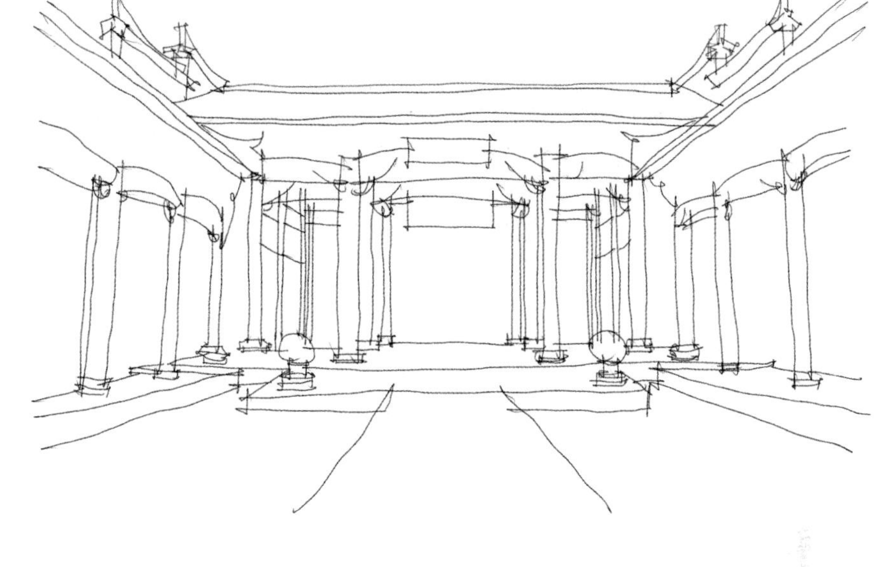

2

在确定室内空间透视特点和走向后，依据被刻画物体的空间特征，绘制其典型空间关系，同时，对部分细节做进一步深化。

3

依据物体的典型特征，对局部开展进一步细化，形成画面中心和视觉焦点。

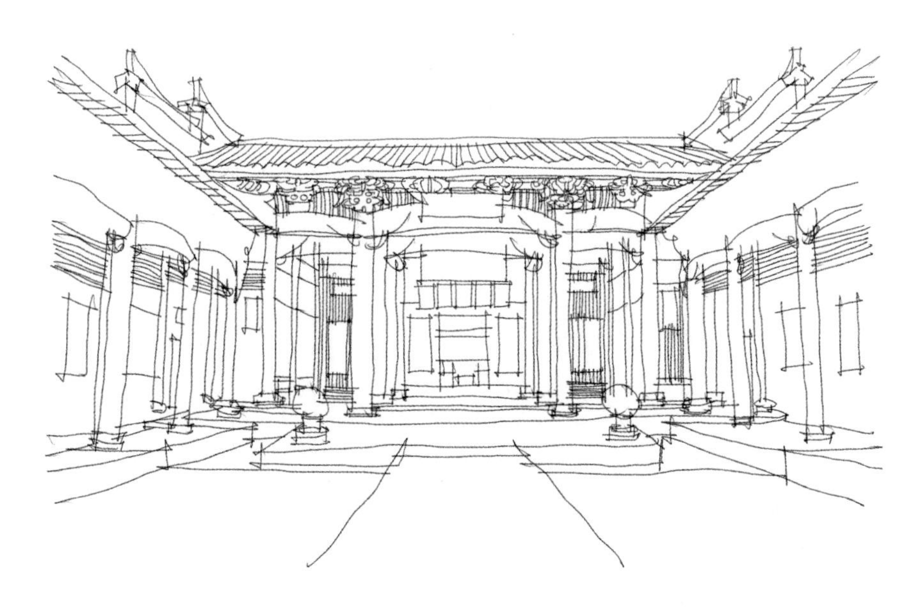

司 谏 第

地域归属：安徽省黄山市徽州区
精确定位：潜口镇紫霞峰南麓
建造时期：明弘治八年
材料形式：砖木

简　介

司谏第始建于明弘治八年（1495），砖木结构厅堂，三间两进，是江南现存明代遗构中最早的建筑之一，系明永乐初进士、吏科给事中汪善的五位孙子为祭祖所建之家祠。该建筑木构架用材宏大，梭柱、月梁、荷花墩、叉手、单步梁和斗拱都有精美的雕刻。枫拱的使用，始于唐代，宋、元沿用，都素无雕碾。司谏第枫拱宛如流云飞卷，显示出明一代营造风尚。上昂铺作，在江南明代大木作中极为罕见，宋代建筑的节奏和韵律清晰在目，是研究宋、元以后斗拱演化的珍贵实物。

1

观察被刻画物体的造型特征，确认其刻画重点和难点。明确被刻画物体的透视规律，确定其基本透视关系。快速起稿绘制其基本形态。

2

结合画面进度，进一步细化局部，刻画不同节点的造型特征。

3

依据画面需要，继续完善画面，对重点细节展开进一步细化，形成画面焦点和视觉中心。

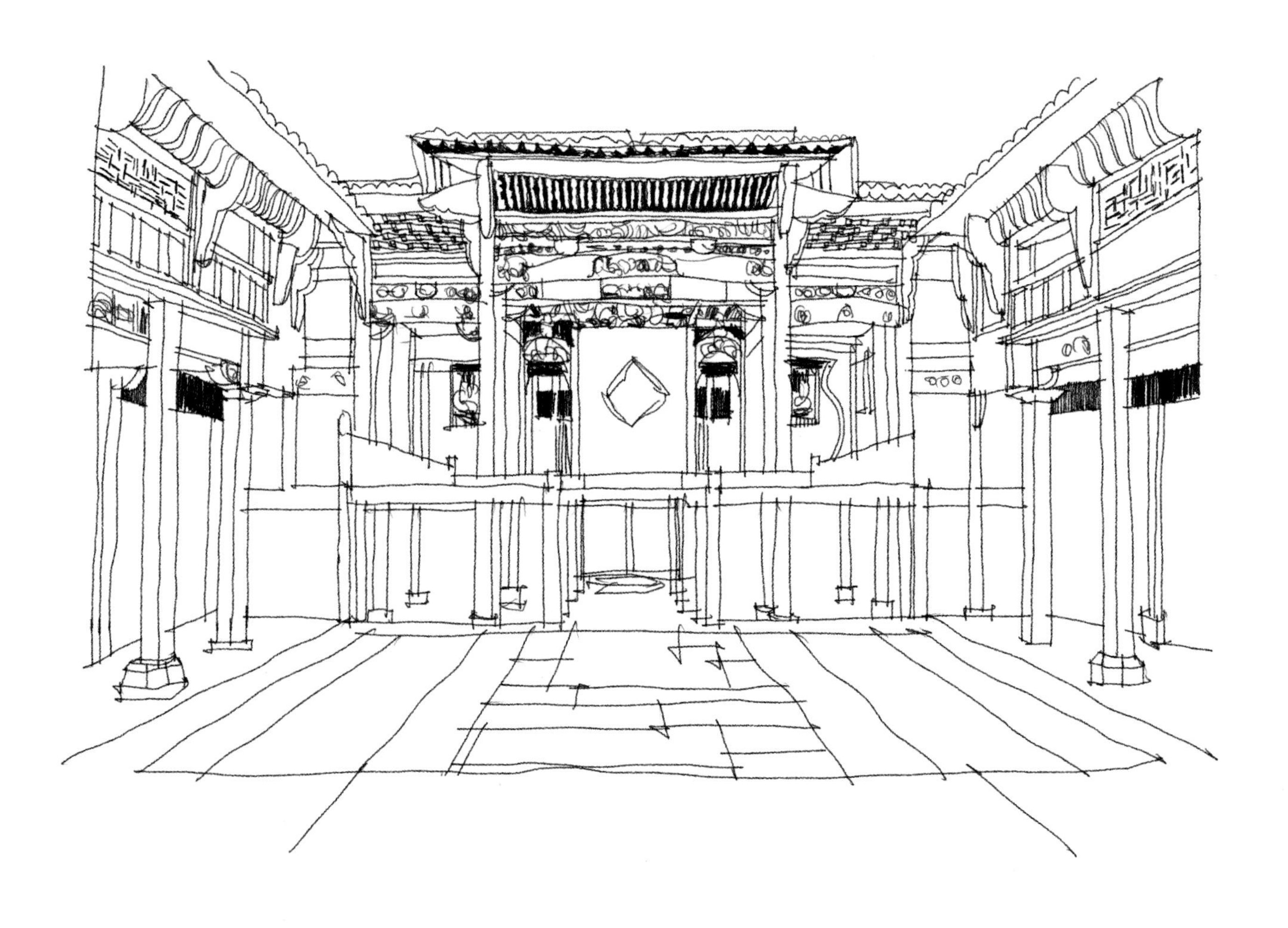

地域归属：安徽省祁门县
精确定位：新安乡珠琳村
建造时期：清咸丰年间
材料形式：砖木

简　介

徐庆堂古戏台，又名龙溪天水万年台，位于祁门新安乡珠琳村，建于清咸丰年间。古戏台设在徐庆堂的前部，同其他宗祠一样，徐庆堂分前、中、后三进，祠堂面积504.08平方米。前进是戏台，两厢是看戏的观戏楼，与主戏台连成一体，建筑工艺讲究，雕梁画栋，金碧辉煌。祠堂坐西面东，戏台坐东朝西。戏台距地面2米，分前台和后台两部分，前台又分正台及两厢。正台为表演区，两厢为乐队、锣鼓伴奏所用，戏台占地面积98.6平方米。戏台前两侧建有两列看台，面积为38.12平方米。

1

结合被刻画对象特征，快速绘制其基本透视关系和比例尺度。

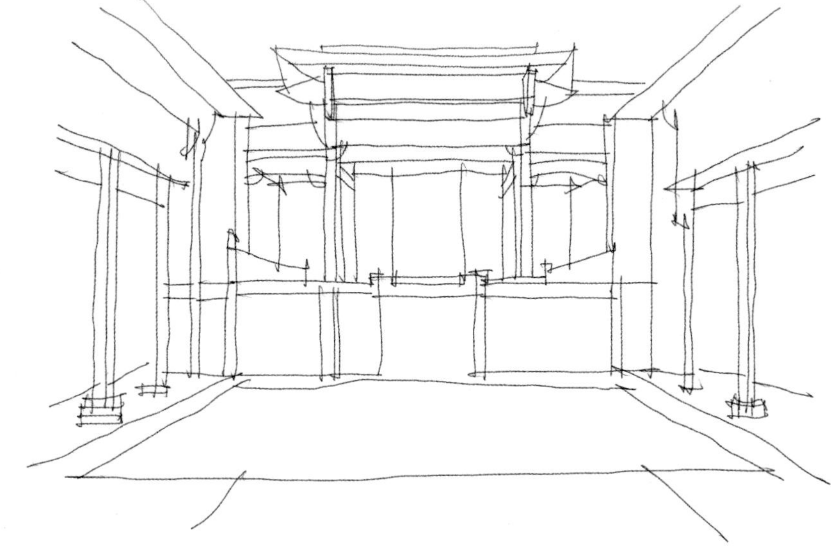

2

进一步细化对象，明确其空间造型特征。

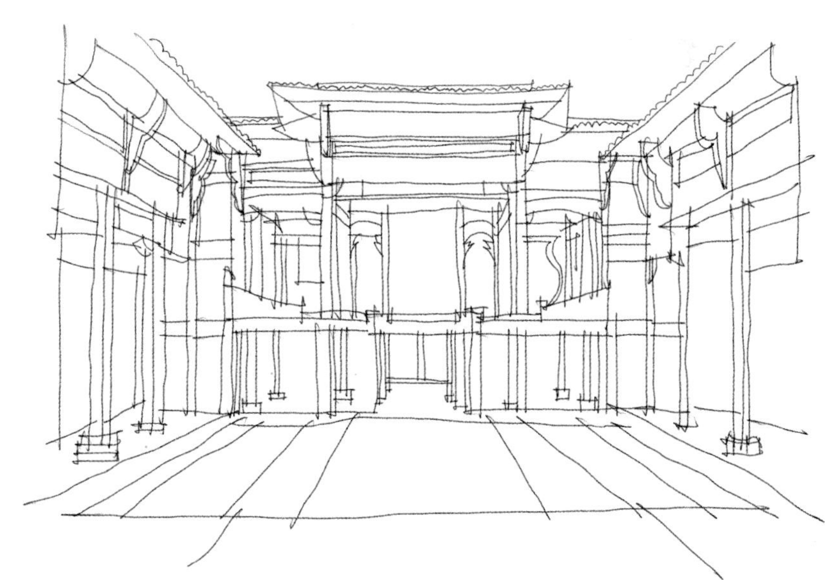

3

完善画面细节，对重点区域进行着重刻画，初步完成空间场景感的塑造。

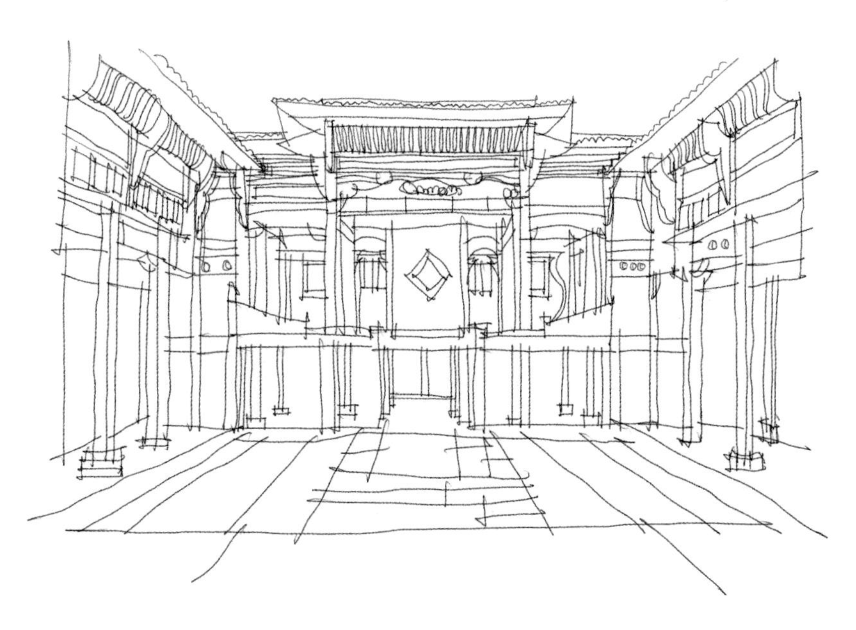

叶奎光堂

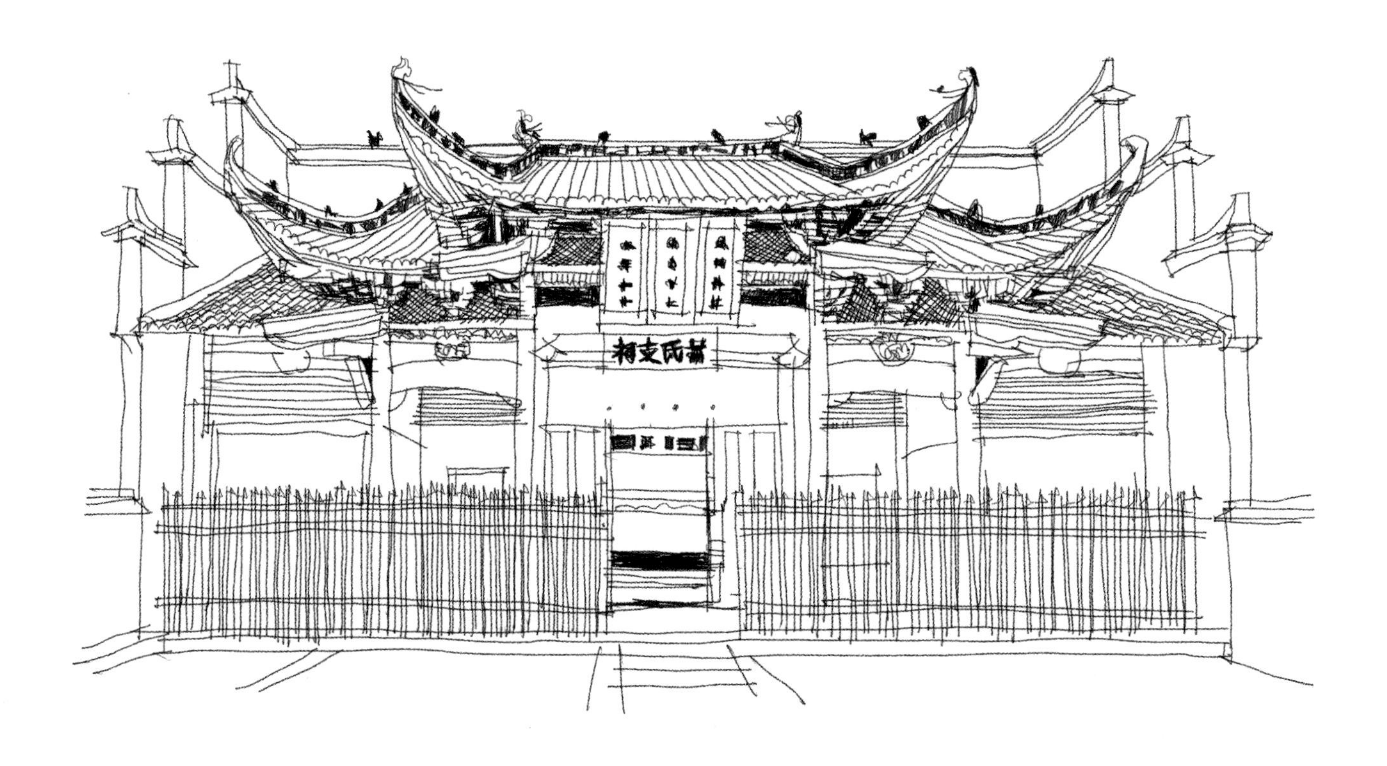

地域归属：安徽省黟县

精确定位：碧阳镇南屏村

建造时期：明弘治年间

材料形式：砖木

简　介

叶奎光堂位于黟县南屏村，为南屏叶氏支祠。建于明弘治年间，清雍正年间改建门楼和大门，乾隆年间重修祀堂及门楼。祠堂门前有照壁，形成护垣，门楼高大，四根40厘米见方的石质檐柱，托着硕厚的额枋和曲梁。四柱三间三楼木质结构，明间三楼近10米宽的额枋上，开列着四攒九踩四翘品字斗拱。次间二楼各列二攒九踩四翘品字斗拱，各托着流线优美、结构相称的飞檐，参差相衬。大门两侧有一对抱鼓石，雕刻精致。全祠分把堂和享堂两大进，享堂有楼，比祀堂大30平方米。从门楼到享堂，全长46米，面阔16米，脊高12米，约700多平方米。

1

初步刻画对象的基本造型特征和透视规律，明确物体的整体造型关系。

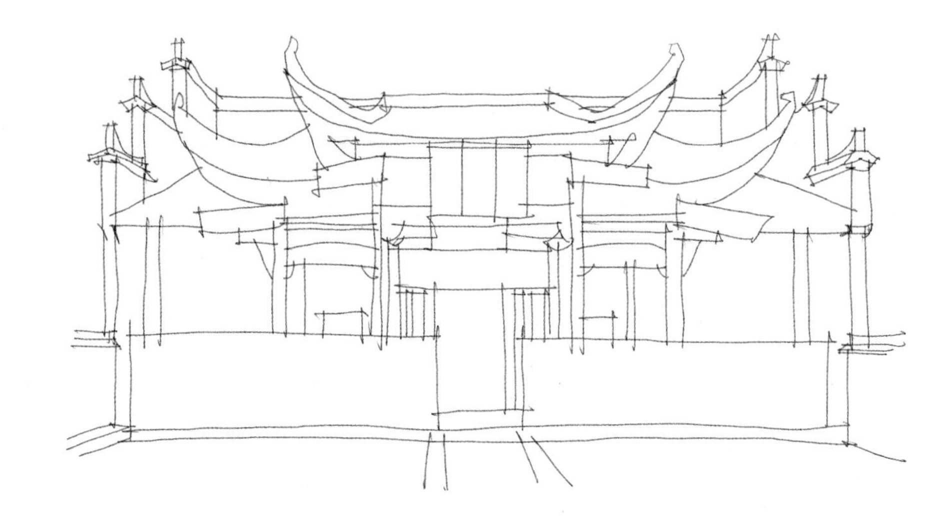

2

增加被刻画对象细节，使其造型特征更加明显，同时注重物体的前后空间关系。

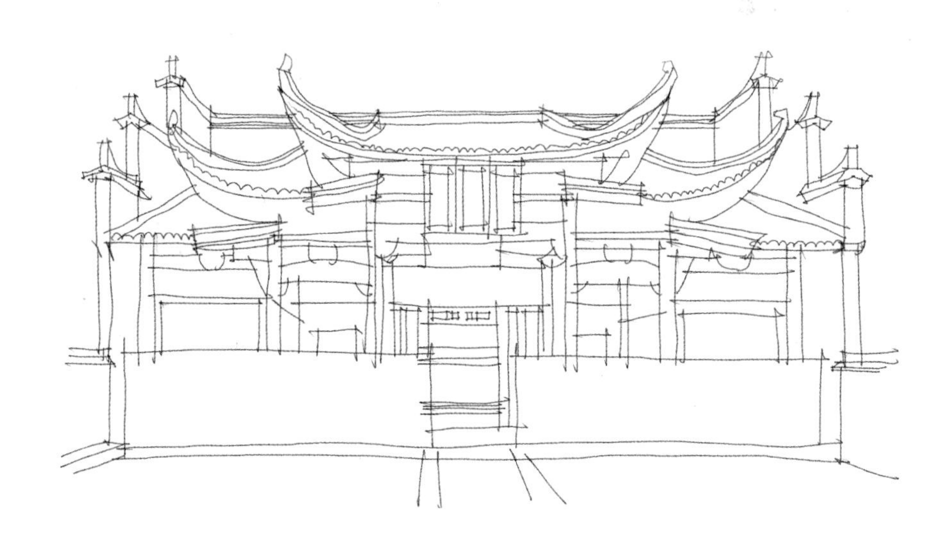

3

继续丰富细节，对重点区域开始着重刻画，进一步区分画面的黑白灰关系。

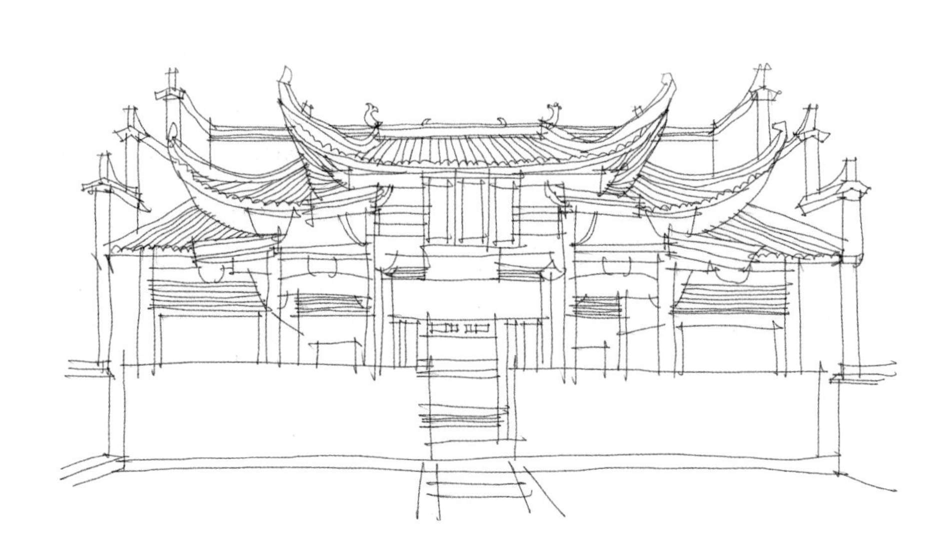

清 懿 堂

地域归属：安徽省歙县
精确定位：郑村镇棠樾村
建造时期：清代嘉庆年间
材料形式：砖木

简 介

清懿堂女祠建于清代嘉庆年间，由棠樾村大盐商鲍氏二十四世祖鲍启运创建，借以纪念为徽商的辉煌同样作出牺牲和贡献的鲍氏妇女。“清懿堂”3字巨匾高悬在享堂照壁正中，另一块“贞孝两全”的横匾，是清代名人曾国藩所书。堂以“清懿”为名，取的是“清白贞烈、德行美好”之意。

1

快速刻画物体的基本造型空间和透视特征，为后续刻画做铺垫。

2

对空间做进一步刻画，强化空间特征，明确空间关系。

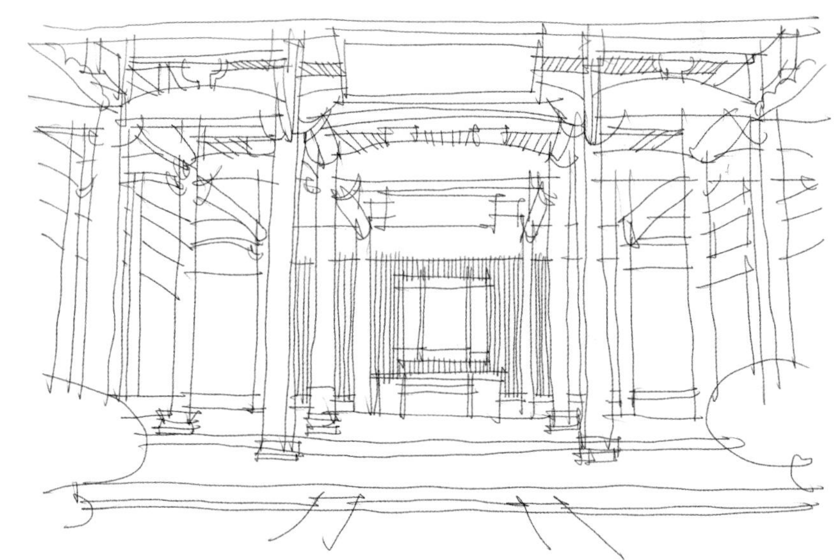

3

增加空间细节，完善空间丰富度，对局部节点展开重点刻画，形成画面中心和视觉焦点。

敬 爱 堂

地域归属：安徽省黟县
精确定位：西递镇西递村
建造时期：明万历年间
材料形式：砖木

简 介

敬爱堂粗犷古朴，宏伟肃穆。建于明万历二十八年(1600)，面积1800多平方米。前置飞檐翘角门楼，中设祭祀大厅，上下庭间开设大型天井，左右分设东西两庑，配以高昂的大理石柱；后为楼阁建筑，楼下作为先人父母的享堂，楼上供奉列祖列宗神位。敬爱堂原为明经胡氏十四世祖仕亨公之享堂，他的三个儿子为表示兄弟间互敬互爱，故将享堂改建成祠堂，取名“敬爱堂”。

1

快速刻画物体的典型特征和透视规律，明确画面基本比例关系。

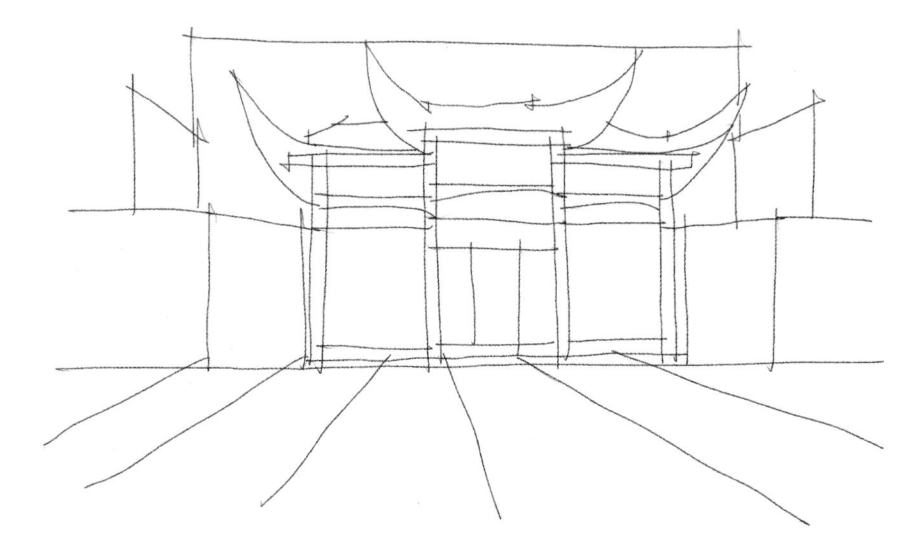

2

对被刻画物体作进一步完善，区分画面黑白灰关系，使画面空间感更加明确。

3

突出画面中心和视觉焦点，对其展开重点刻画。

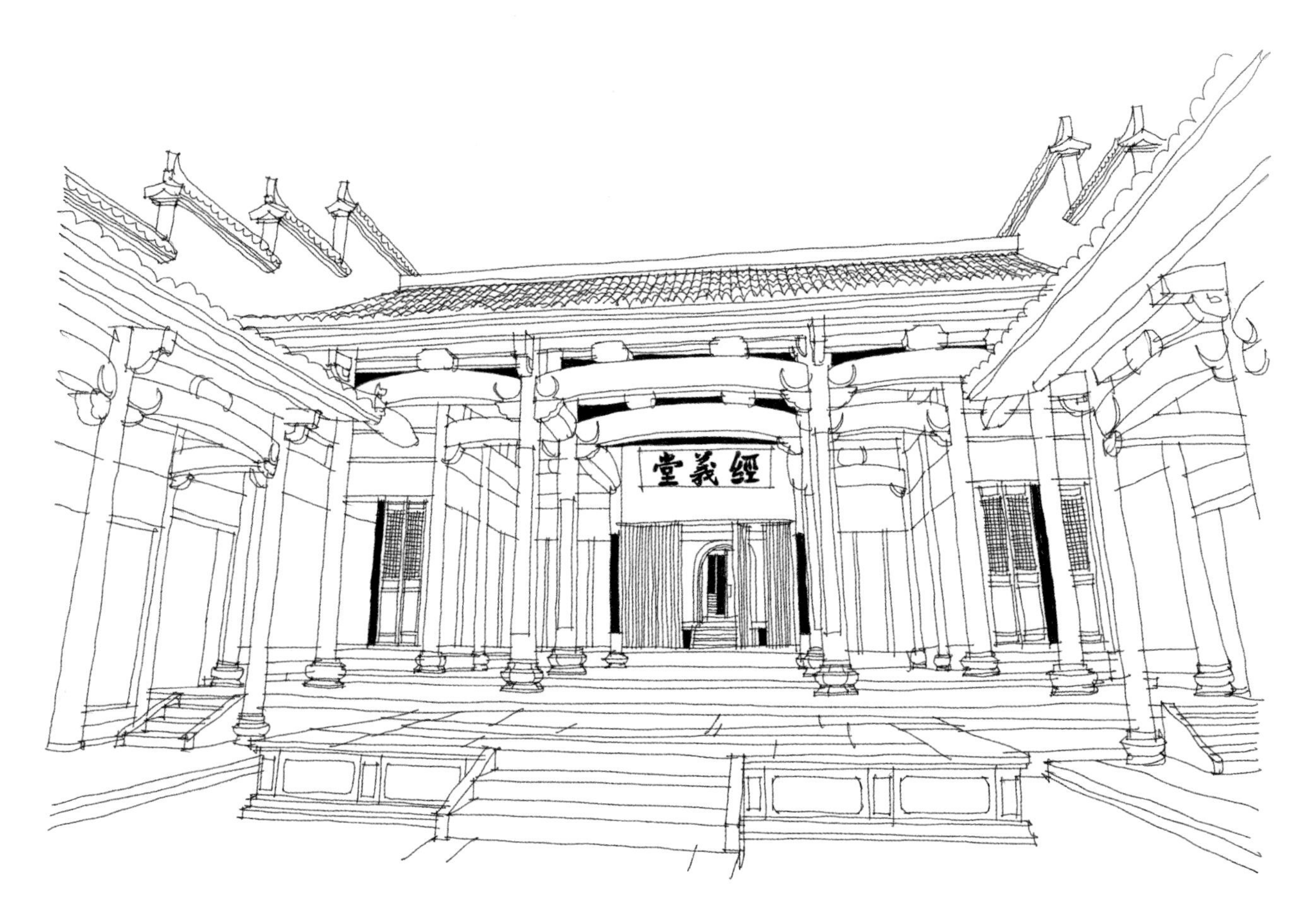

百柱宗祠一

百柱宗祠二

进士第

俞氏宗祠

贞一堂

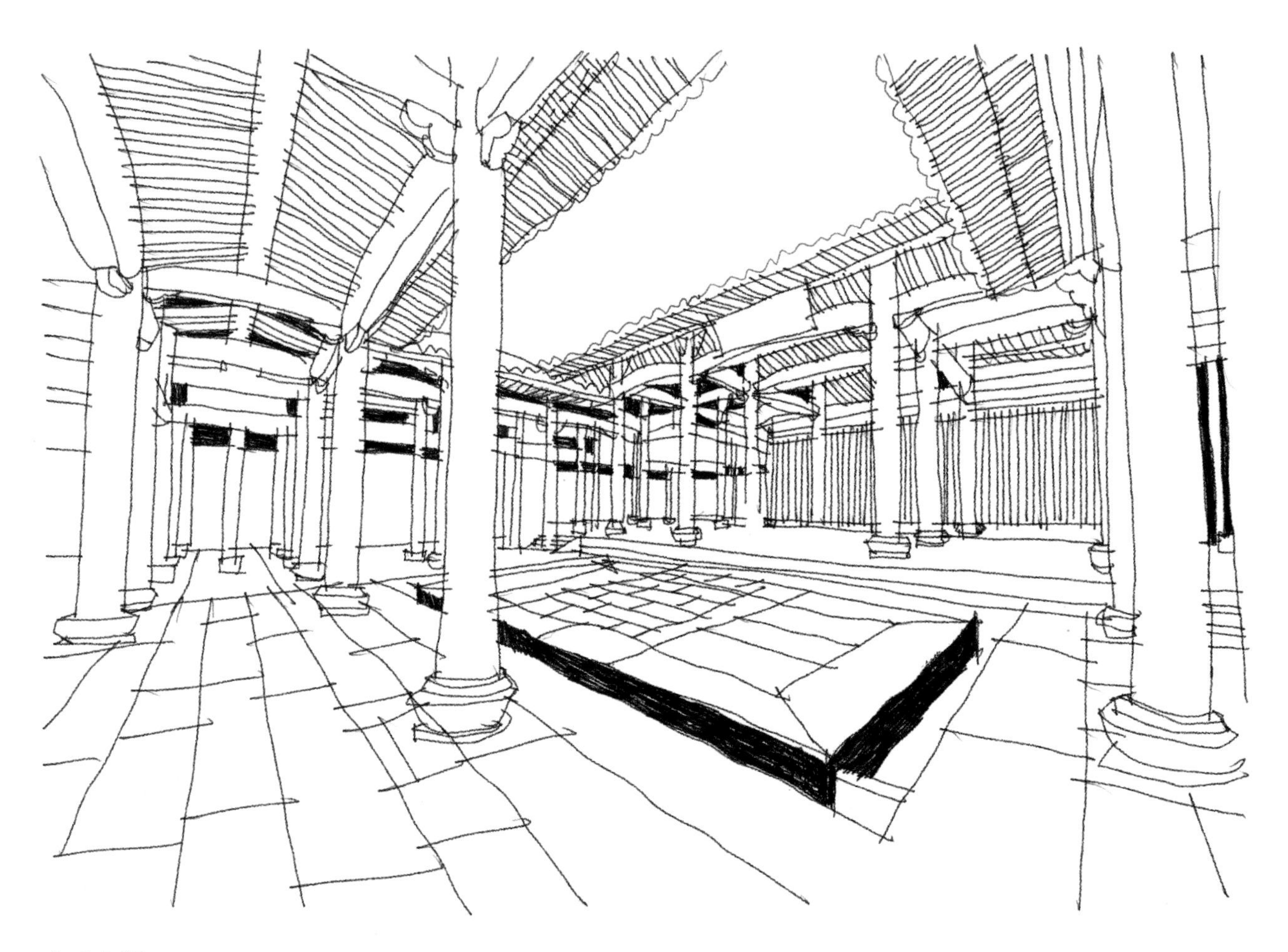

俞氏宗祠

徽州民居是中国传统民居的代表，它有着悠久的历史。徽州传统民居选址注重显山露水，布局讲求中轴对称，造型古朴精致，色彩素淡清雅。明代戏曲家汤显祖作诗云："欲识金银气，多从黄白游。一生痴绝处，无梦到徽州。"这几句诗一方面反映出徽州的富庶，另一方面也反映出徽州的风景之美。古代徽州人聚族而居，在为民居选址时注重风水，追求民居结构的完整。徽州传统民居一般建于风景秀丽的地方。在修建民居时，徽州人追求显山露水的效果，很多民居与周围的自然环境融为一体。

古人相信，住宅风水的好坏直接关乎家族的命运。徽州人在修建民居时都会认真研究山脉的走势，追求住宅与周围环境的和谐。关于建筑，徽州人有"左青龙右白虎，前朱雀后玄武"的说法。在徽州人看来，最为理想的宅基地应当左边有流水（青龙）、右边有长道（白虎）、前边有宅池（朱雀）、后边有丘陵（玄武）。徽州人在修建民居时比较注重大门的朝向。在一般情况下，大门位于民居的中轴线上，但门不朝南，因为徽州人认为南向主火大不吉。从汉代以来，徽州就流传着"商家门不宜南向，征家门不宜北向"的说法。徽州人比较重视理水，在为民居选址时先要观察风水，相地度势，在修建民居的过程中比较注意利用地表水建立灌排系统，注重修建水塘、水池。

徽州传统民居平面方整，中轴对称。整个民居的空间序列为：入口—大门—天井—厅堂（两侧为厢房）—后天井—二进厅堂，民居内部呈矩形延伸。三合院、四合院是徽州传统民居最常见的形式，若三合院、四合院不能满足居住需求，徽州人还会采取两两结合的方式来修建民居（如两个三合院结合、两个四合院结合，或者一个三合院和一个四合院结合）。徽州传统民居厅堂较宽敞，厢房较狭窄，各个房间借助回廊相连。民居的平面布局主要有四种：第一种是"凹"形，即三合院，为三间一进楼房，这是徽州传统民居中最简单、最经济的形式，被广泛采用；第二种是"回"形，即四合院，为三间两进楼房，较富有的人家修建民居多采用这种形式；第三种是"H"形，即两个三合院相背组合，为三间二进楼房，前后各有一个天井，中间两个厅堂合用一个屋脊，这种形式俗称"一脊翻两堂"；第四种是"日"形，由两个四合院组合而成，为三间三进楼房，有上、中、下三个厅堂和两个天井。这种组合可以继续延伸，形成四进堂、五进堂等，由于每进一堂便升高一级，这种建筑形式俗称"步步高升"。

总体来看，徽州人在修建民居时对大环境有所选择，对小环境主动退让。徽州人这种"显山露水""择地而居"的建筑理念，不仅是"天人合一"观念的体现，而且也是躲避凶灾这一愿望的体现。

潜口民宅

地域归属：安徽省黄山市徽州区
精确定位：潜口镇紫霞峰南麓
建造时期：明清
材料形式：砖木

简　介

潜口民宅，又名紫霞山庄，坐落于安徽省黄山市徽州区潜口镇紫霞峰南麓。潜口民宅是徽州明代传统民居的徽派建筑群，在一个小山峦上展示出各类不同的古民居风貌，颇具匠心。潜口民宅在建筑类型上划分有祠社、宅第、小桥、路亭、牌坊。在时间跨度上，从明弘治八年（1495）延续到明中晚期。清初名流黄宗羲、施闰章、梅庚、靳治荆等均涉足此地，并有题记于此。1982年5月，国家文物局批准建立“明代民居建筑群”，并列入全国文物保护计划。按照“原拆原建、集中保护”的原则，将散落于歙县境内民间且不宜就地保护的明清古建筑进行集中保护，明清建筑民居群分别于1990年和2007年建成并对外开放，建成潜口民宅一座古建筑专题博物馆。

1

找准物体的透视关系，在此基础上依据透视原理在纸张上大概绘制出物体的基本透视方向。

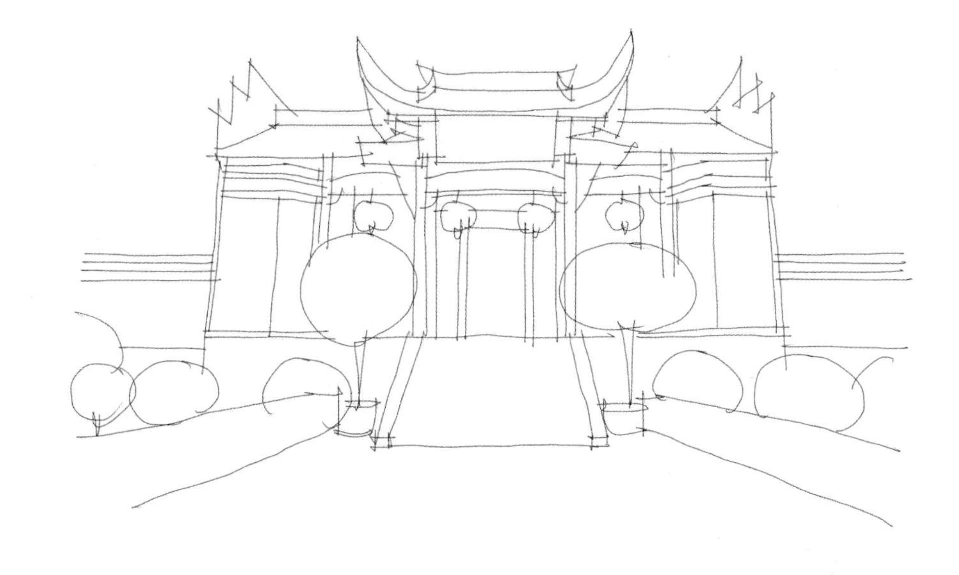

2

明确造型特征，细化主要物体造型特点，做到主次有别，突出重点和视觉焦点。

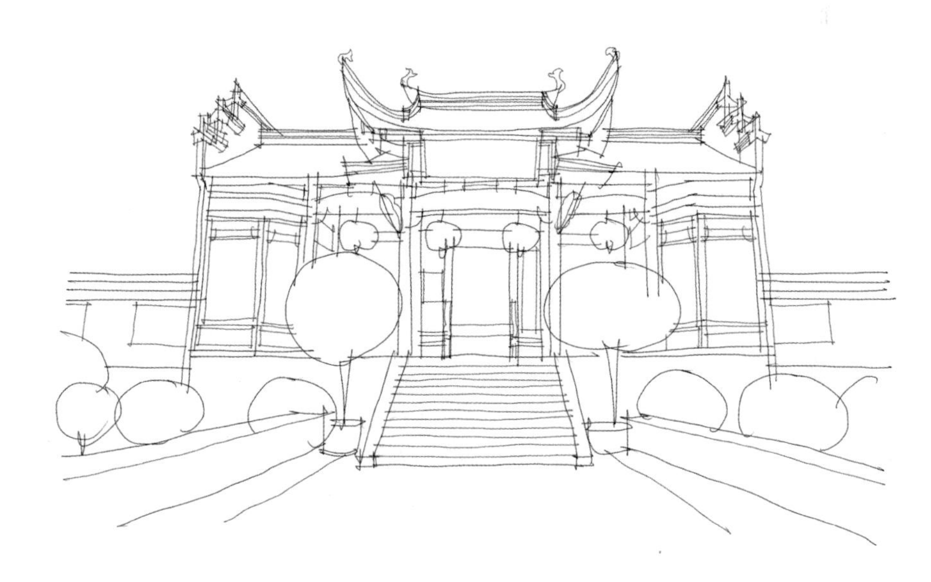

3

完善画面细节，注重物体空间转折与线条表达之间的关系，进一步刻画物体空间纵深关系和形态特征。

地域归属：安徽省黟县
精确定位：宏村镇宏村
建造时期：清咸丰五年
材料形式：砖木

简　介

承志堂位于宏村西北、上水圳中段，建于清咸丰五年（1855），被誉为“民间故宫”，是清末盐业、糖业大商人，江西九江商会会长，汪氏第九十二世祖汪定贵所建，堪称宏村民居之冠。全宅共有9个天井、7座楼宇、大小厅室60余间、木柱136根，包括正厅、后堂、东西厢房、书房、客厅、经堂以及作为娱乐场所的“排山厅”“吞云轩”等。此外，尚有附属建筑等人员用房。庭院内有花木果树、水井、池塘，总占地面积约2000平方米，建筑面积3000余平方米，是一幢保存完整的大型民居建筑。

1

观察被刻画物体的空间特征，确认其刻画重点和难点。在此基础上，初步绘制出物体的基本空间形态，为后续进一步刻画做铺垫。

2

继续完善画面关系，对局部画面展开重点刻画，基本形成场景空间特征。

3

结合画面需求和空间塑造需要，对部分区域作进一步处理，初步明确画面黑白灰关系。

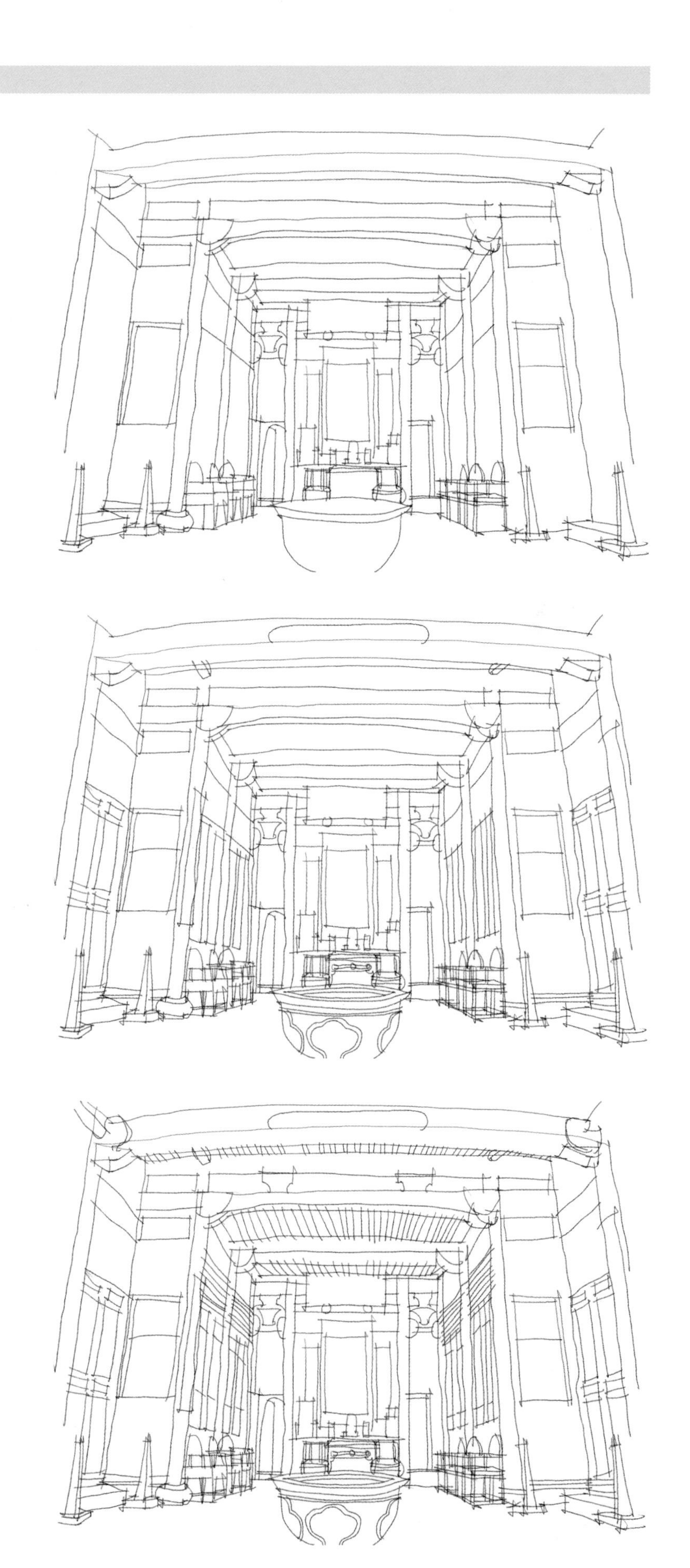

膺 福 堂

地域归属：安徽省黟县
精确定位：西递镇西递村
建造时期：清康熙三年
材料形式：砖木

简　介

膺福堂位于安徽黟县西递村，建于清朝康熙三年（1664），是二品官明经胡氏二十五世祖胡尚熷的故居。胡尚熷是胡贯三的长子，也是履福堂主人胡积堂的父亲。

1

首先把握好民居内的整体空间形体特征和尺度感，合理进行构图的同时确定民居内部物体位置。

2

进行内部空间细化，将纵深感和空间感较强的中景部分进行细致的刻画并在画面中形成一种对比关系。

3

在中景画面形成一定鲜明的对比关系后进行调整，最终寻求整幅画面的平衡感。

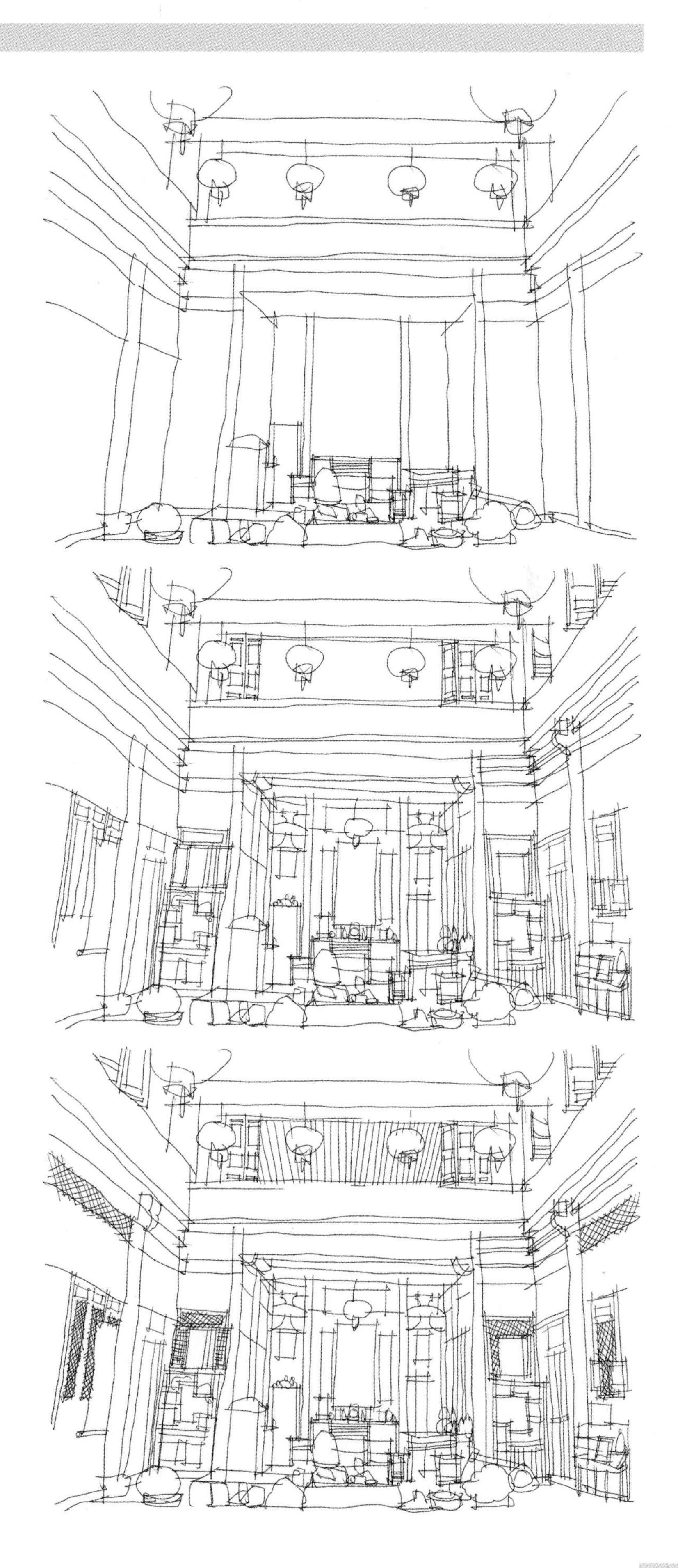

地域归属：安徽省黄山市屯溪区
精确定位：柏树街东里巷
建造时期：明代成化年间
材料形式：砖木

简　介

程氏三宅坐落在黄山市屯溪区柏树街，屯溪柏树东里巷6号、7号、28号。为明代成化年间礼部右侍郎程敏政所建。因三处住宅皆为明代建筑，户主又皆姓程，故俗称“程氏三宅”。三宅均为五开间二层穿斗式楼房，前后厢房，中央天井，具有独特的明代建筑风格。

1

在纸面上确定物体基本比例和透视关系，找准物体结构特征和关键线条。

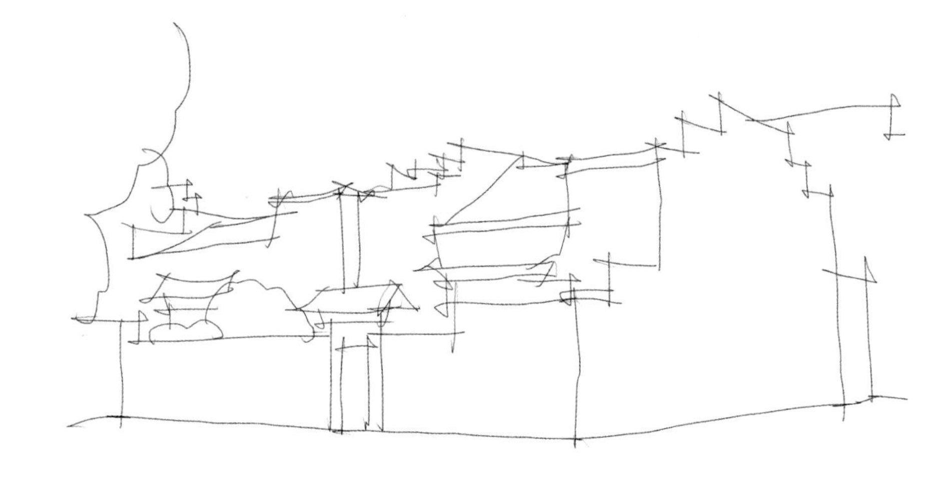

2

在墙面留白的基础上细部刻画，加入少许人物元素作为点缀，处理整幅画面的空间层次感。

3

深入刻画，将部分地方涂黑作为点缀，使画面更为透气，进而达到进一步调整画面的效果。

大 夫 第

地域归属：安徽省黟县
精确定位：西递镇西递村
建造时期：1691年
材料形式：砖木

简 介

大夫第位于黟县西递村正街，建于1691年，为朝列大夫、知府胡文煦故居。四合院二楼结构，正厅高大轩敞，厅前设天井。砖雕门罩上砖刻“大夫第”三个大字，正厅裙板隔扇均精雕冰梅图案，槛梗窗花仿明代格调。厅左利用隙地建有临街彩楼，俗称小姐绣楼，飞檐翘角，挂落、栏杆，排窗宽敞，玲珑典雅。楼额木刻隶书“桃花源里人家”，为清代黟县书法家汪师道所书；木刻小额“山市”二字，为清进士祝世禄手笔。楼下边门有石刻隶书“作后一步想”门额。

1

合理构图，确定民居在画面中的位置。左侧消失点用简略的表现手法加以破形，使画面感更加丰富。

2

加强外立面及屋檐的细部刻画，使画面逐渐形成一种黑白疏密有序的形式感。

3

继续调整画面，使画面更为灵动，同时跟随透视走势，强化整体空间感。

方文泰宅

地域归属：安徽省黄山市徽州区
精确定位：潜口镇坤乡村
建造时期：明代中叶
材料形式：砖木

简　介

方文泰宅位于黄山市徽州区坤乡村，1986年拆迁至潜口明代民居博物馆，建于明代中叶。方文泰宅为砖木结构，口字形四合院，是三间二进的楼房。楼下前进明间为门厅，两旁厢房。后进明间为客厅，次间为卧室。楼上明间设把祖座，两进之间有狭长天井，左右有廊屋，右廊屋内设楼梯。柱础底部保持四方形，四边垂线内收，方形四角凿成下凹的弧线，上部四角斜削，琢成不等边八角形，浅凹再收成圆形。窗格棂全部为方格或“合角式”接榫，窗外栏杆属雏形勾栏，两旁望柱头上雕有莲瓣，栏身上部有雕刻极佳的云拱三个，下部四围嵌有雕镂精巧的镂空花板，中央嵌有镂空方格。楼面弧形栏杆是该宅最突出的部分。

1

寻找透视消失点，勾勒出民居的主要轮廓并进行内部分割，为进一步深入刻画做铺垫。

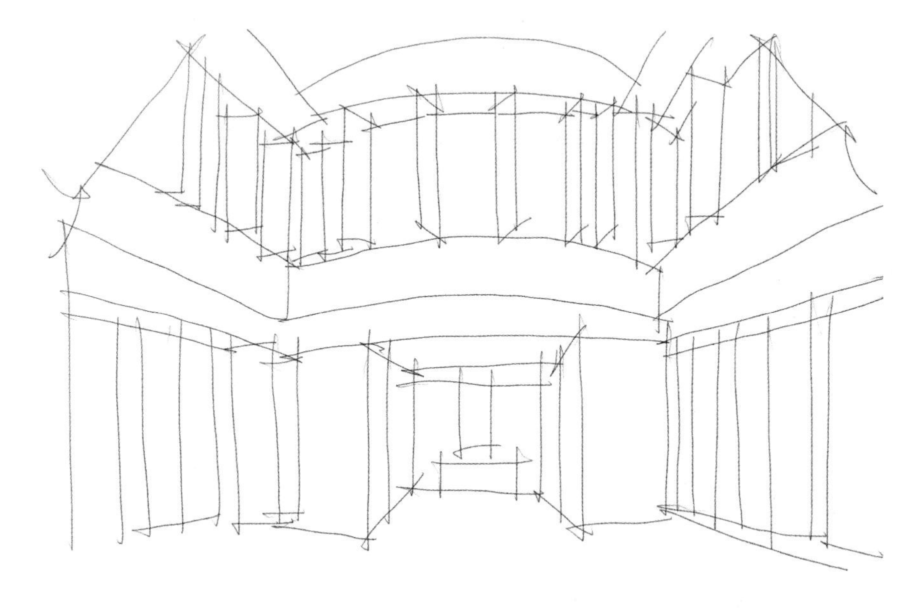

2

进一步深入民居内部的细节，利用线条虚实表现内部不同的空间层次和远近关系。

3

更进一步处理画面关系，进一步增强民居内部的空间感，最终形成一种黑白有序的画面效果。

地域归属：江西省婺源县
精确定位：沱川乡理坑村
建造时期：清道光年间
材料形式：砖木

简　介

云溪别墅的整个建筑格局属于三合院，大厅宽敞明亮，而两边厢房相对狭小。云溪别墅内部并没有天井，取而代之的是一个内院，不像天井那么狭小，更加有利于采光和通风，但又维持了徽州民居的总体特征。云溪别墅的梁、柱，窗上的浅雕、深雕、浮雕、透雕、圆雕形成了各种奇异的图案，刀功细腻。细细观察云溪别墅的雕刻，不难发现建筑的各种细节都展现了古徽州人的精湛技艺。

1

寻找画面中心位置的同时确定民居轮廓和透视关系，从建筑和地面引出的透视线起到一定平衡画面的效果。

2

用线条进一步表现建筑外立面的结构和肌理，形成画面主次。

3

更进一步进行画面深入，利用画面中心的留白和左下角的破形进行画面分割和画面调整。

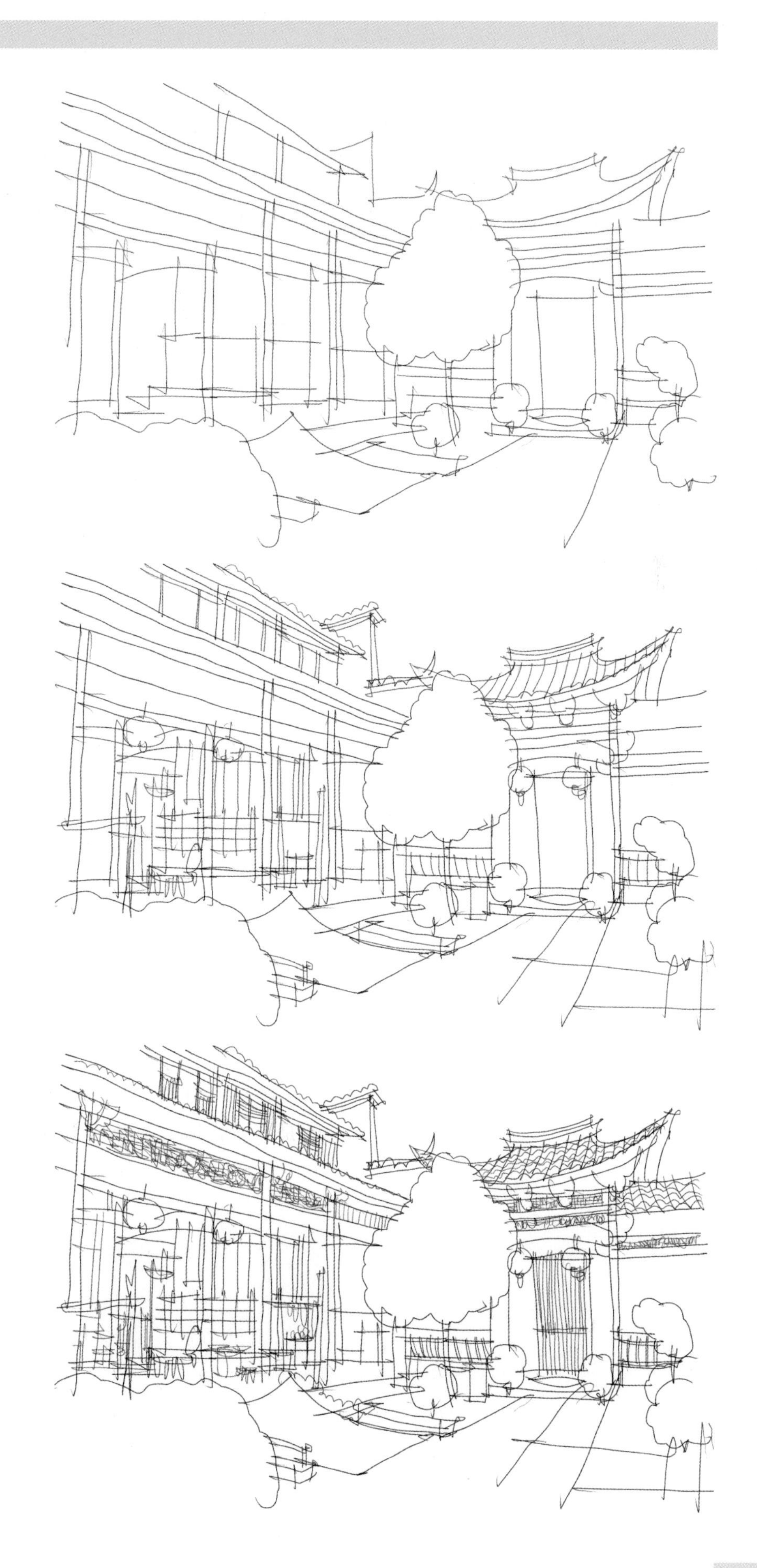

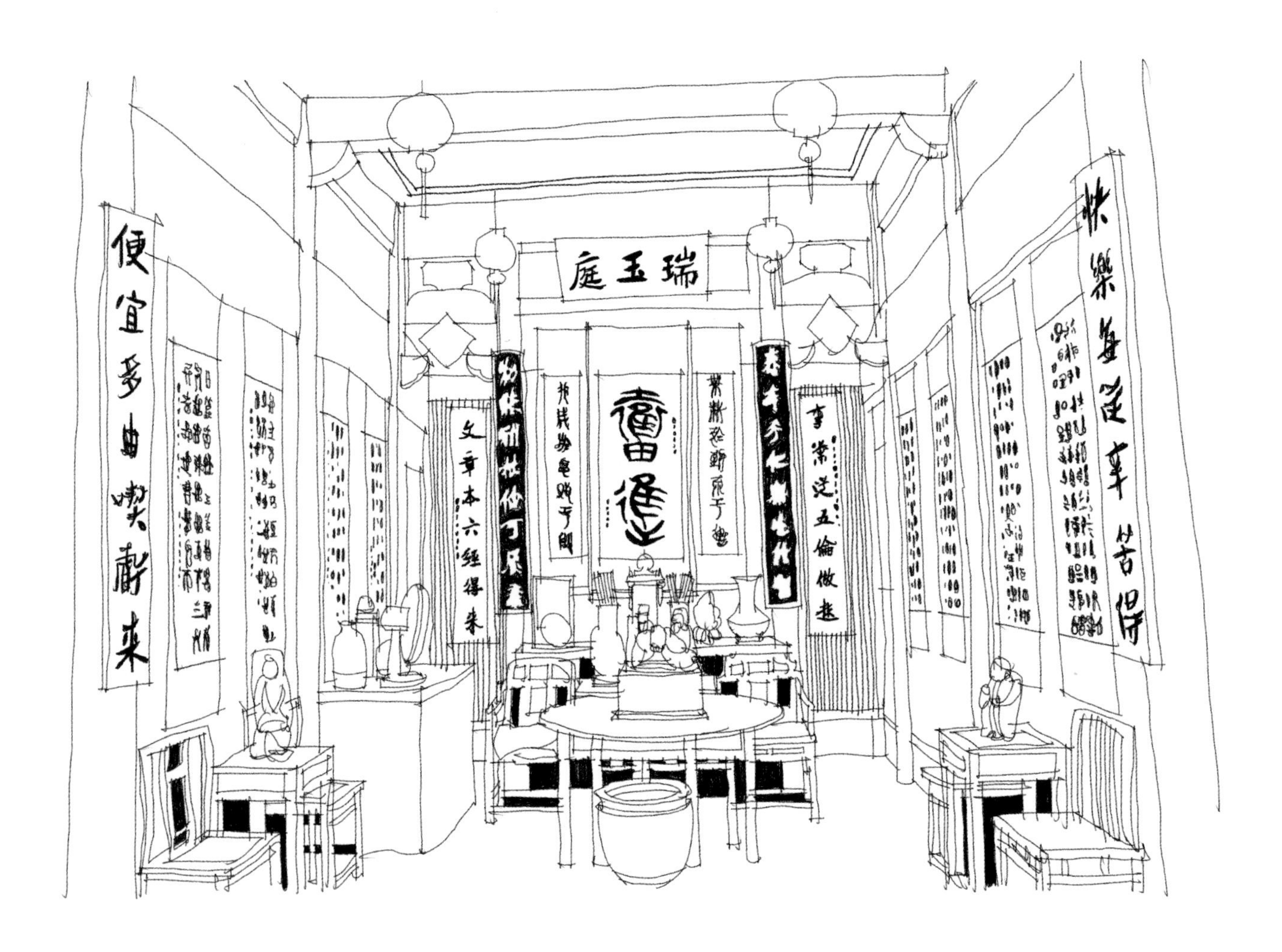

地域归属： 安徽省黟县

精确定位： 西递镇西递村

建造时期： 清咸丰年间

材料形式： 砖木

简 介

瑞玉庭位于横路街口，建于清咸丰年间，是一座具有代表性的徽商住宅。从上而下整体看来似“商”字形状，当人从下穿过时就与其组成了完整的“商”字，寓含着“人人皆经商”之意，这是徽派民居厅堂里的一个独例。

瑞玉庭风雅别致，庭同其名。正屋居中，连接两旁序列建筑。正屋里布满楹联、木雕，书画琳琅满目，皆是佳作。最为称道的对联悬挂在前檐明间立柱上，联中写道：快乐每从辛苦得，便宜多由吃亏来。仔细看去，“辛”字多了一横，“亏”字多了一点，寓意“多一份辛苦，多一份收获”。

1

明确内部空间透视感，确定主要墙面和梁柱的位置以及屋内陈设物品的具体方位。

2

细致刻画屋内陈设物品以及墙面，利用画面中不同事物的虚实表现出屋内的空间关系。

3

深入画面，利用字体点缀墙面。近大远小的字体加强了画面空间感。部分细部使用涂黑的手法处理，凸显事物的同时加强了对比关系。

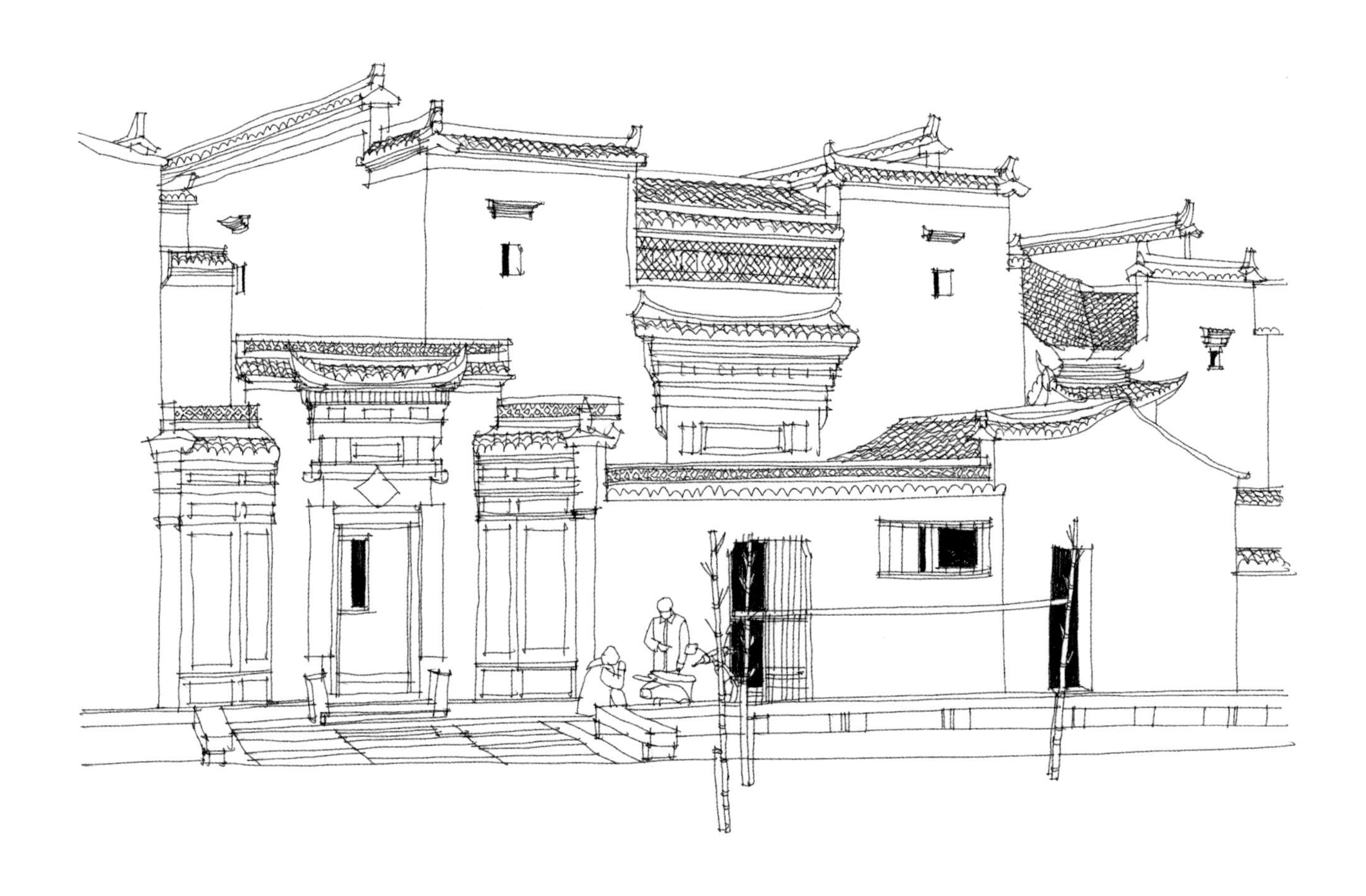

地域归属：安徽省黟县

精确定位：碧阳镇关麓村

建造时期：清中期

材料形式：砖木

简　介

关麓八大家约建于清中期，是一户汪姓后裔八个兄弟的住宅，具有独特的建筑特色。八家相对独立却又互相连通，每家都有天井、厅堂、花园和小院。但屋楼上下皆有门户走廊互相连接，形成一个整体。整幢大宅由于布局紧凑而显得高大冷峻，内部由于疏于修理，尽显衰败，不免有一些苍凉感，可或许就是这种苍凉感才更显真实、更值得回味。

汪氏后裔的八家古民宅，以清代著名书画家汪曙故居“武亭山居”领首，自北向西依序为“涵远楼”“吾爱吾庐书斋”“春满庭”“双桂书室”“门渠书室”“安雅书屋”“容膝易安小书斋”。室内装饰讲究，雕梁画栋，绘彩描金，设计精巧，富丽雅致，虽历数百年，但仍保存完好。

1

用简洁的线条起稿，大致勾勒出建筑的形体轮廓，起稿中强调建筑的前后关系与高低错落的层次感。

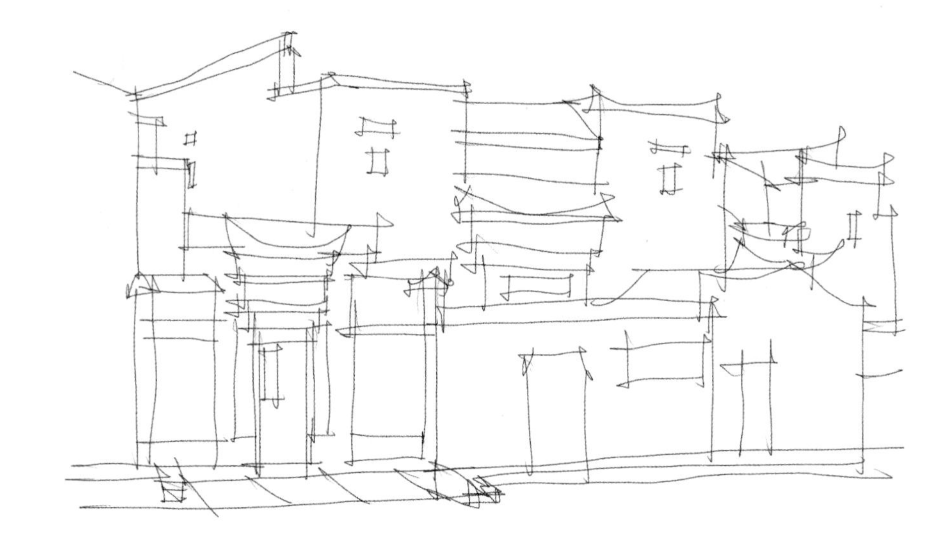

2

通过细节的勾画，以明确的线条描绘对象的结构形态，从而增强画面的表现力。建筑的前后关系逐渐明晰，从而加深对建筑的认识和理解。

3

采用单线白描进一步对建筑局部和细部构造处进行深化，对建筑的顶部进行加深，以凸显出阴影关系，后通过对局部细节的刻画以及光影的比较调整建筑各部分的结构。

胡适故居

地域归属：安徽省绩溪县
精确定位：上庄镇上庄村
建造时期：清光绪二十三年
材料形式：砖木

简　介

胡适故居为清光绪二十三年（1897）所建，是胡适先生父亲胡铁花（官名胡传，原名守珊、珊，铁花系自号）所造的两进一楼通转式结构建筑。前庭有天井，两旁有厢房，楼上为“通转楼”，楼下是堂屋。后进为内庭，栏板隔扇，精雕细刻，梁托上一对荷花仙子栩栩如生，门窗上饰以兰花雕板，出自胡开文墨庄制模高师胡国宾之手，反映出胡适“我从山中来，带来兰花草”的浓浓乡土之情。大门前和正厅上各悬着我国著名书法家沙孟海亲题的“胡适故居”字，横两块黑底金字牌匾。厅内摆设如旧。

1

首先确定画面的视平线以及图面构图比例，将建筑立面的轮廓进行简单的勾勒。利用地面的线条将建筑立面立体化，凸显建筑的进深感。

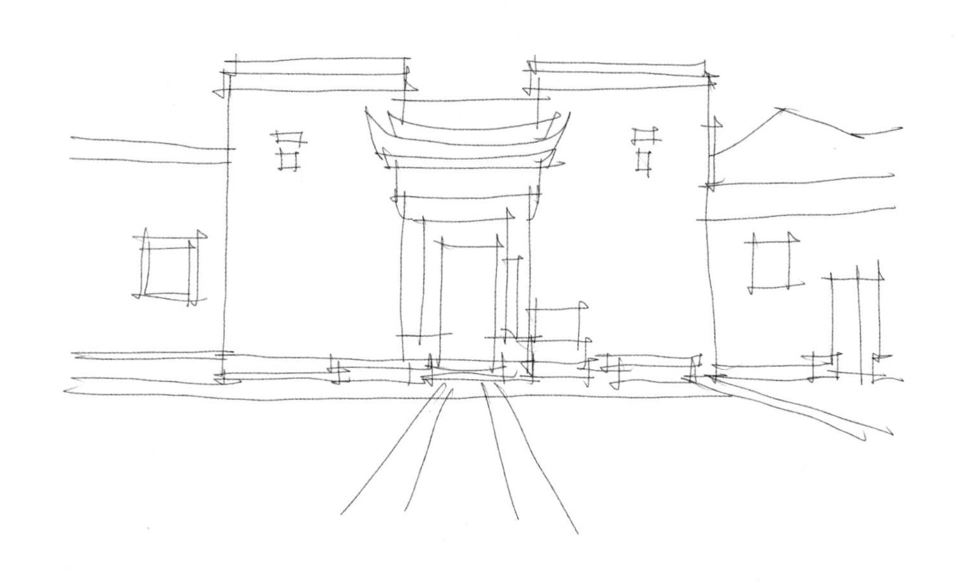

2

进一步对建筑细节进行描绘。特别是屋顶处采用虚实结合、疏密错落的表现手法，对不同的建筑部分进行相应的处理，重点区域应画得清晰明确，远处、暗处及次要地方以留白的方式处理，形成有虚有实、有强有弱的生动效果。

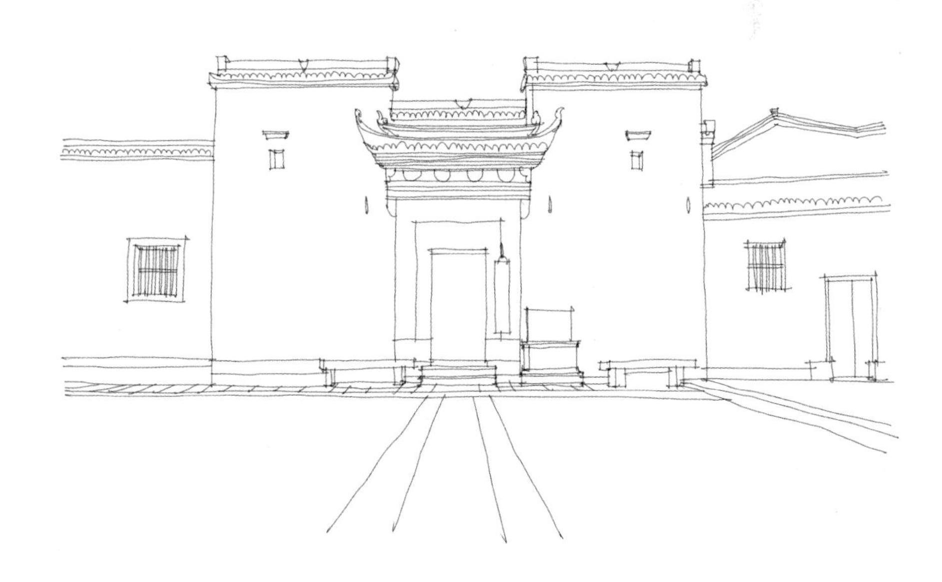

3

通过对建筑细节的处理，凸显了建筑顶部与建筑立面的光影效果，采用较深沉的色彩烘托白墙，以表示徽州民居的白墙黑瓦的特征。地面装饰的丰富与大面积建筑白墙形成对比，用明暗来表现画面的质感和阴影，以增强其立体感，使形体表现得更充分，画面简繁变化有致。

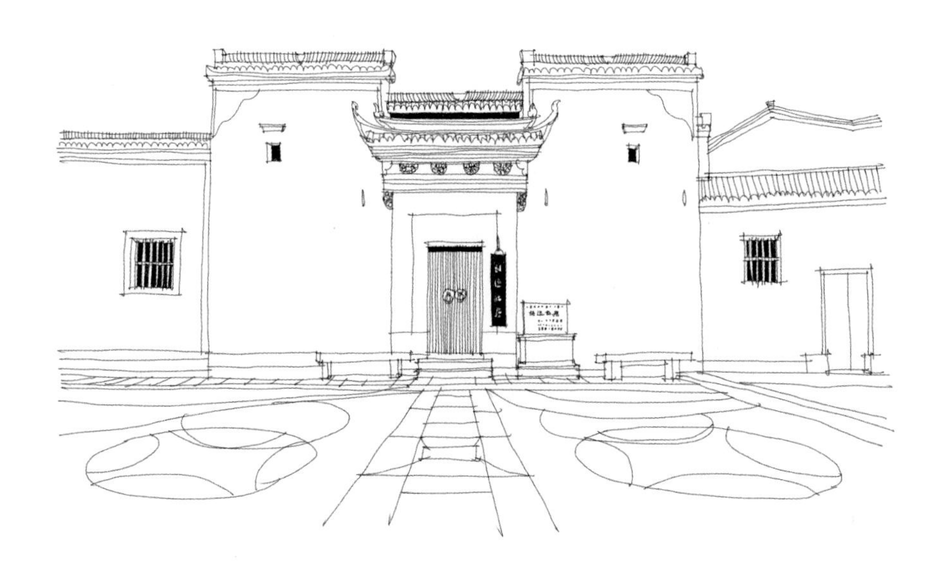

巴慰祖故居

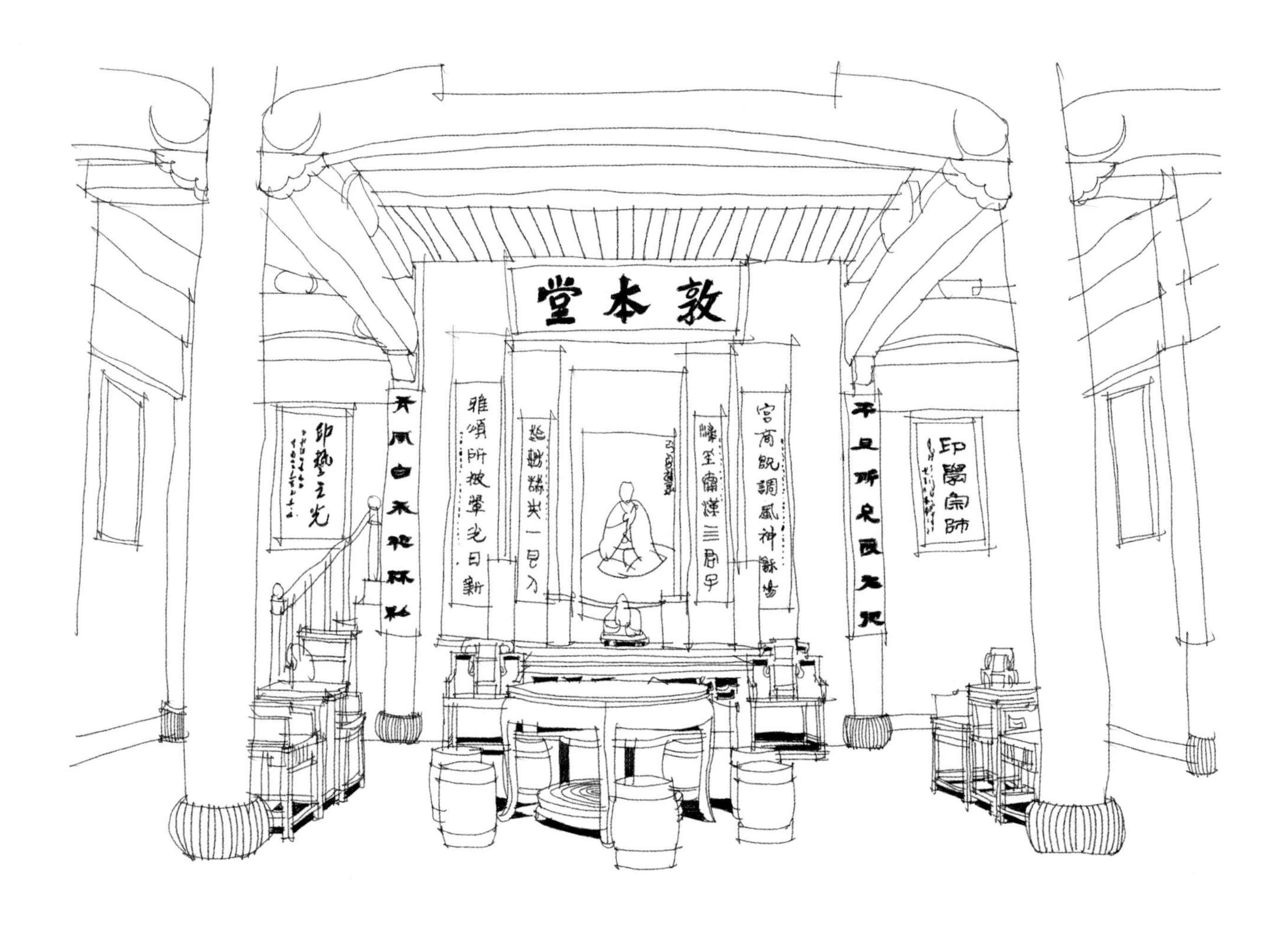

地域归属：安徽省歙县

精确定位：徽城镇渔梁村

建造时期：清代前期

材料形式：砖木

简　介

巴慰祖故居，宅居名，位于歙县渔梁中街，建于清代前期。其坐北朝南，分前、中、后三进。前进为客厅、三房，均为三合院。另有东、西厅。客厅瓜柱柱托雕刻精美，角檐柱上端有丁字拱，中进为梭柱，柱础呈覆盆状。

巴宅坐北朝南，分前、中、后三进，前厅梁柱均为银杏木。布局设计讲究，雕刻精美。宅内“敦本堂”等厅的匾均是出自清代大家之手。巴慰祖画像由扬州八怪之一的闵贞所画，原件藏于北京故宫博物院。巴慰祖又称“三无”先生，意指无所不好、无所不能、无所不精。

1

用简单明确的线条将对象轮廓和主要结构勾画出来，首先通过梁、柱位置大致确定空间的构图，进而描绘出民居建筑室内空间，以梁、柱的关系来凸显空间的进深感。把握好建筑空间内各部分的比例关系以及确定透视感。

2

针对建筑轮廓线和结构线的转折及交叉处进行细化处理，通过色调关系体现内部空间的明暗关系，使建筑形体和结构关系形成完整的视觉效果表现。

3

将建筑细节依次增添，利用牌坊上的字以及对联等丰富建筑空间，通过线条疏密的组织、繁简的处理等手法去获取虚实对比的艺术效果。在处理画面时，近处实、远处虚，从而突出主题和空间层次。利用画面中的明暗强弱相互强调、相互衬托，以凸显画面的变化。

履 福 堂

地域归属：安徽省黟县

精确定位：西递镇西递村

建造时期：清康熙年间

材料形式：砖木

简　介

履福堂位于黄山市黟县西递村“司城第”弄内。建于清康熙年间，为收藏家、笔啸轩主人胡积堂故居。

1

构图时考虑到建筑空间整体在图纸上的视觉均衡效果，将视点定在画面中间，以确定空间均衡。继而以垂直线条大致描绘出建筑空间的形体和结构，以线条界定出建筑各个面的形状并分隔空间。

2

通过垂直线条和水平线条强化构图的明暗节奏，墙面上采用竖向的线条处理以及墙下部采用横向的线条描绘，强化出构图纵向的明暗节奏，营造出生动的空间关系。

3

细节的增添使得整体画面丰富起来，特别是画面中立柱的空白及其疏密的组织和室内空间暗部黑白灰层次的分配形成对比，令画面明快有神。

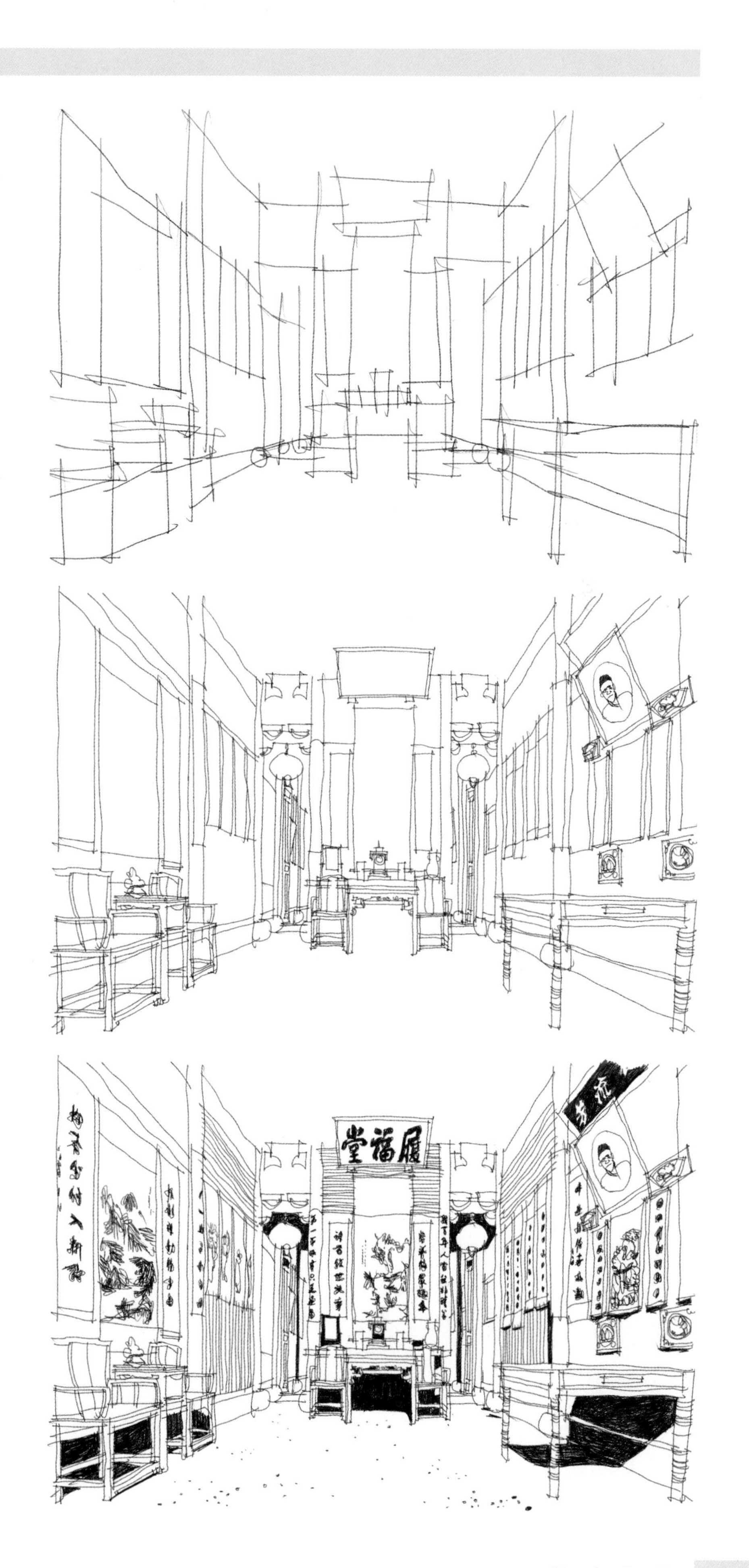

笃 敬 堂

地域归属：安徽省黟县

精确定位：西递镇西递村

建造时期：清康熙四十三年

材料形式：砖木

简　介

笃敬堂为清道光年间著名收藏家胡积堂的旧居。笃敬堂建于清康熙四十三年(1704)，为四合院二楼结构。大门建有粗犷的黟县青石门坊，上有两柱三楼的砖砌门楼，门内建有门亭。

1

初步把握好建筑空间的关系，再以此为中心展开对画面层次的处理，运用明确的线条勾勒建筑空间的形体和结构，从而使建筑形体之间层次明确。

2

在建筑空间的轮廓、面的转折完成的基础上，对细部的结构进一步完善，用线条表现明暗阴影变化，建筑空间的整体感逐渐显露。根据空间的主次和前后关系以及画面处理的需要，用线条进行不同程度的处理。

3

概括和提炼出空间重点并加以强调，对次要的细节进行概括、归纳，将复杂的形体有条不紊地表现出来。墙面上的装饰与地面的纹理使整个构图丰富活泼起来，建筑空间明暗的条理化、秩序化使得空间层次清晰，从而获得韵律感和节奏感。

笃 谊 庭

地域归属：安徽省黟县

精确定位：西递镇西递村

建造时期：清道光年间

材料形式：砖木

简　介

笃谊庭八字门，门口题字“紫气东来”，该宅又名枕石小筑，入口朝东。进入门内，是方形庭院，院内盆景争奇斗艳。建筑正中辟门，两旁对称设六角漏窗，上部屋墙高耸，可知为中心天井两厢二层楼阁。

1

确定画面的构图关系后，用简单线条起稿确定建筑的透视及轮廓关系。根据透视及阴影原理确定建筑物范围。

2

进一步确定对象的远近层次和细部的质感以表现建筑空间的真实感和空间感。运用节奏及韵律的原理，处理好色调的层次与变化，通过对建筑结构和细部明暗的描绘来烘托建筑空间的进深感。

3

画面基本完成后逐步对各部分进行调整，将画面的重点部位及配景进一步刻画，完善建筑主体与各细节部分的协调性，利用黑白反衬的手法使画面和谐统一。

碧　园

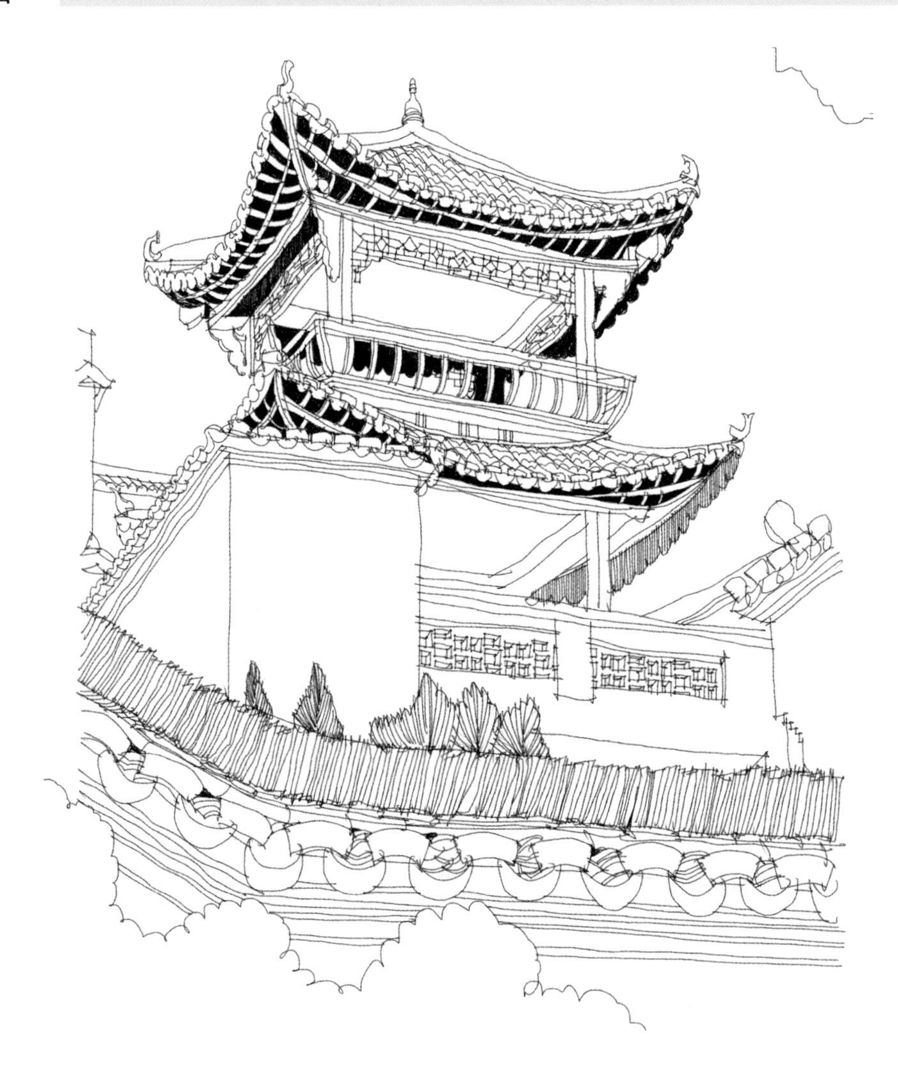

地域归属：安徽省黟县
精确定位：宏村镇宏村
建造时期：明末
材料形式：砖木

简　介

碧园始建于明末，重建于清道光十五年（1835），占地700多平方米，碧园庭院建筑洗练朴实、幽静淡雅。

碧园水榭设置别具一格，庭院沿水圳傍石立基，楼房正西设有水榭鱼池，东侧设有美人靠栏杆，步出厅堂即入水榭。各听其便，使人胸襟舒坦，塘东有花墙一副，弯道曲有通处，实则有疏，院北有楼亭一处，名曰“鹤寿亭”。因其至高，可鸟瞰全村，园中鹅卵石铺地，整座园林令人赏心悦目，心旷神怡。碧园是皖南清代水榭庭院古民居的典型代表作之一。

1

先确定要刻画对象的整体框架，按照物体的结构关系在纸上用简洁的线条刻画出大体的外轮廓线，同时再按照结构比例关系定点勾勒出内部框架，最后画出前后景观的大致位置。

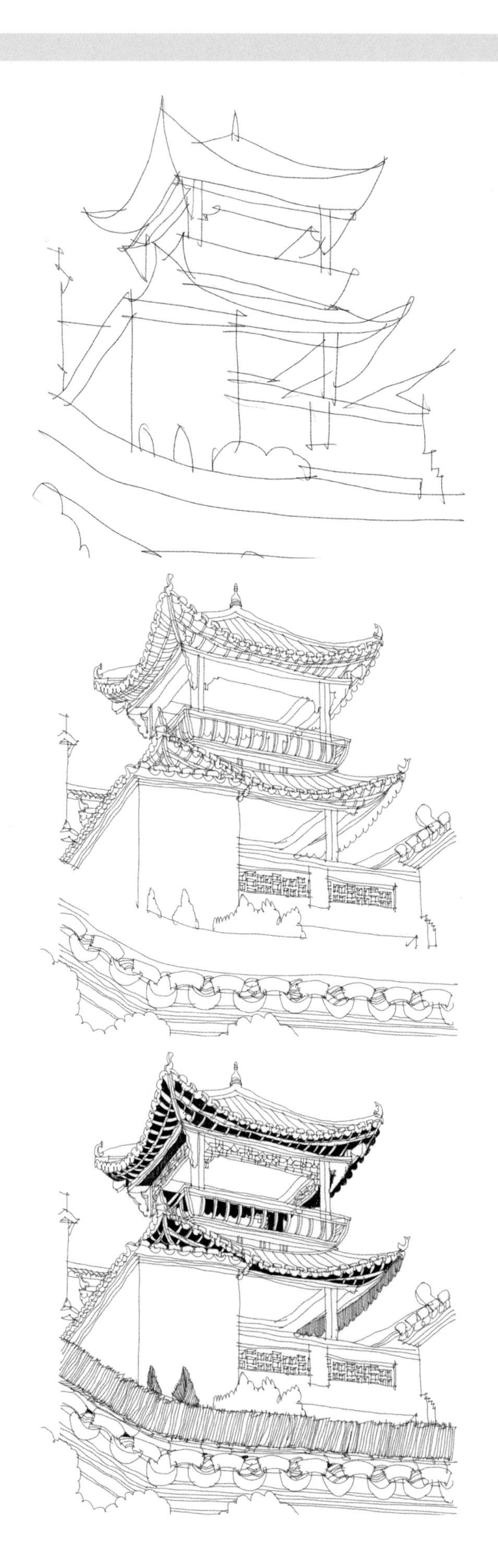

2

框架勾勒完成以后，通过对建筑物的仔细观察，按照从前往后、从上到下的顺序依次开始对建筑进行细部细节的填充，丰富建筑物的整体形象。

3

通过阴影的刻画加深明暗关系并突出建筑物的整体形象，让人对建筑物的整体结构有更深刻的认识和了解。

冰凌阁

地域归属：安徽省黟县
精确定位：碧阳镇南屏村
建造时期：清中期
材料形式：砖木

简　介

冰凌阁大门内是一个四方小庭院，右面是游廊，有圆形木雕拱门与正屋大门相对，游廊完全是木结构，饰有以梅花、冰纹为主的精美木雕，取意：梅花香自苦寒来。古话说："冰冻三尺，非一日之寒"，"吃得苦中苦，方为人上人"。所以，主人将此地取名为"冰凌阁"。

冰凌阁偏厅为上下两层楼房，均装有木板莲花门，莲花门上部镶有玻璃，下板上绘有梅兰竹菊、山水松柏等图案，是主人特别设计并从国外进口的，有异域风格。楼下六扇莲花的"腰板"上为"西湖十景"：三潭印月、柳浪闻莺、曲院风荷、平湖秋月、断桥残雪、苏堤春晓、南屏晚钟、雷峰夕照、双峰插云、花港观鱼。雕工精细，层次分明。

1

先确定要绘画的古民居的整体结构框架的构图比例，在纸上用简洁明了的线条画出大致的建筑立面框架，同时再按照前后位置关系确定内部框架。

2

框架勾勒完成以后开始着手丰富古民居的细节，依次对古民居木结构上的木雕花进一步观察，对正屋大门上的细节进行描绘。

3

通过由虚到实的手法刻画并加深明暗关系，凸显出古民居的进深感和空间层次感，让人对冰凌阁的整体结构有更深刻的认识和了解。

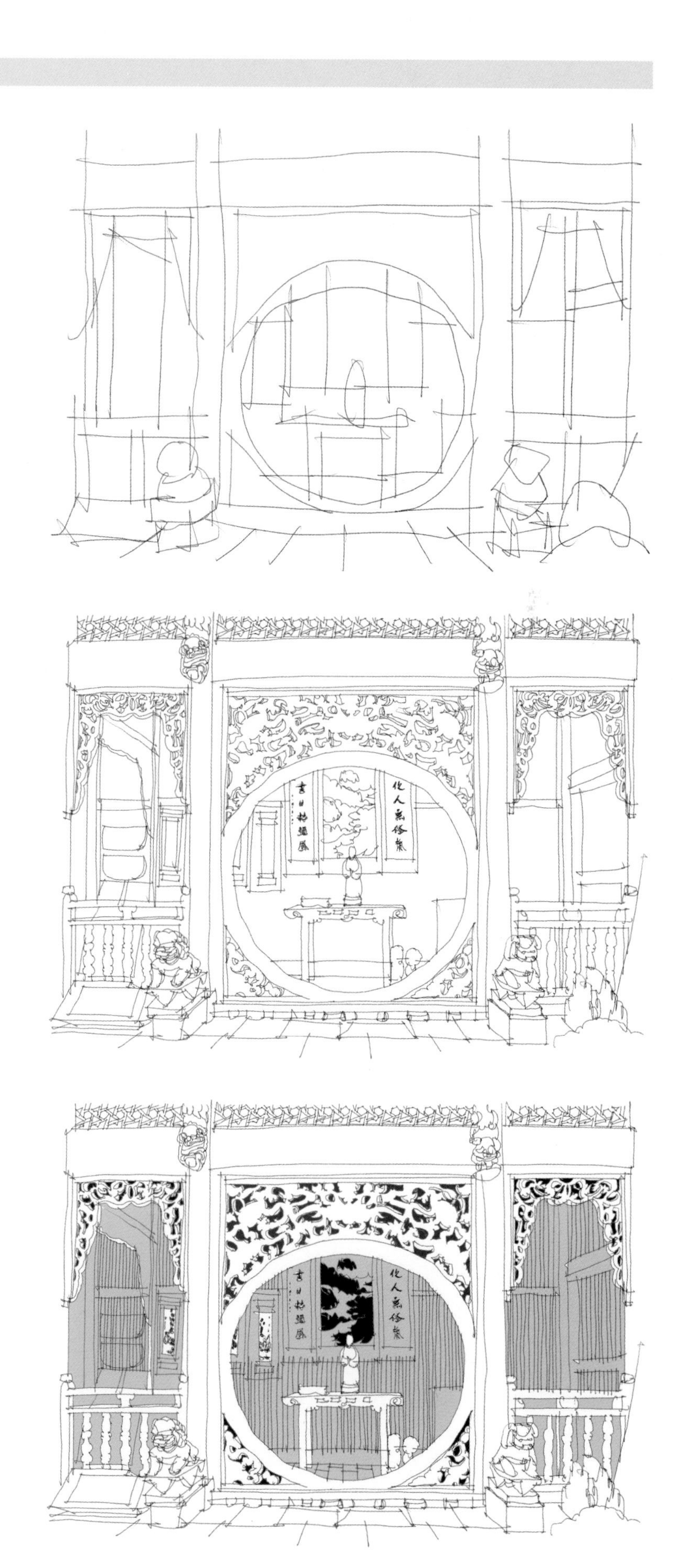

地域归属：安徽省黟县
精确定位：宏村镇卢村
建造时期：清道光年间
材料形式：砖木

简 介

木雕楼是卢氏三十三代传人卢邦燮于清道光年间所建，位于黟县北部的卢村，距宏村仅两千米，是以卢姓为主而聚居的古村落。卢村以规模宏大、雕刻精美的木雕楼群而著称，木雕楼享有中国木雕第一楼之誉，是由七家民居组成的木雕楼群，主要包括志诚堂、思济堂、思成堂、玻璃厅等宅院。

其中志诚堂坐北朝南，临水而建，前有廊式拱门，两端过弄墙有题额。东西正面为“东启长春”“西辟延秋”，背面为“钟奇”“毓秀”。大门内是庭院，两侧有偏厅，门楣各题“挹爽”“延辉”。偏厅矮墙上有两幅砖石雕刻而成的透窗。透窗的中部为石雕构件，雕琢草龙祥云图案，其四周全为砖雕构件围护。

1

先观察木雕楼的空间层次，确定柱梁的结构位置，确定整体构图比例。在纸上用简洁的线条刻画出空间轮廓线，同时再按照柱梁结构勾勒内部梁结构，整体框架勾勒完成。

2

柱梁结构勾勒完成以后，通过对古民居柱梁结构之间的空间观察，按照从内到外的空间顺序开始填充木雕的细部细节，部分采用简洁线条勾勒，对比之下凸显木雕之精细。

3

通过对木雕细节的刻画以及部分结构的简洁线条呈现，加深了古民居的空间结构层次，虚实的对比突出了空间明暗关系，让人对木雕楼的整体结构和木雕艺术有了更深层次的印象。

云溪别墅

巴慰祖故居

冰凌阁

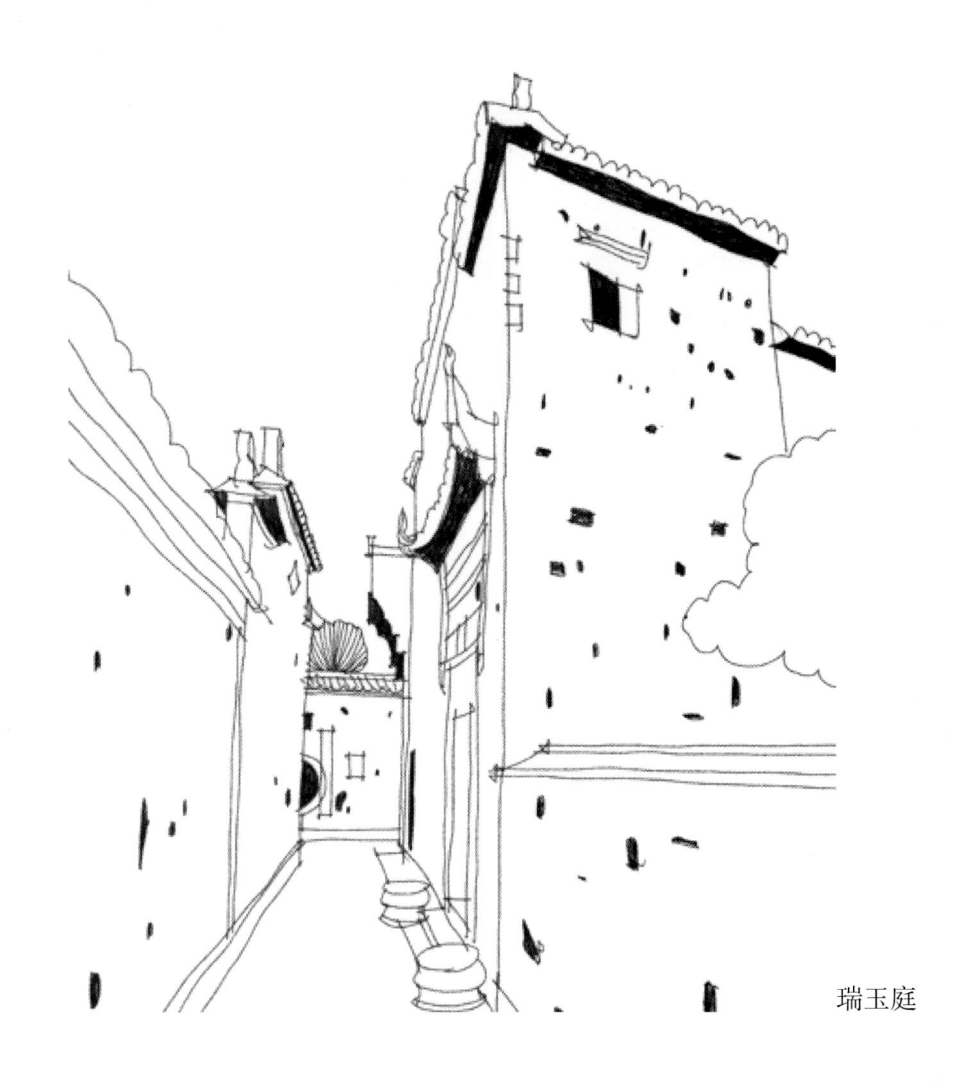

瑞玉庭

碧园

八大家

胡适故居

牌坊，也称为牌楼，在古时候被称为“绰楔”。根据牌坊的基本形态推测出牌坊最初的形态是由两根柱子上架一根横梁组成的，这种门的形态古时候被称为“衡门”。在所有文献中，对衡门最早的记载来自《诗经·陈风·衡门》——“衡门之下，可以栖迟”；再根据前人研究和推测，衡门在春秋中期就已经出现，距今至少有两千六百年的历史。

以前古徽州交通闭塞，因此经过数百年的风霜洗礼现今还保存了大量的牌坊遗迹。古徽州由于地理因素影响很难耕种大片土地，家中男子只能外出经商。古代社会中“四民”分为士、农、工、商，其中商地位最低，所以徽州人为了改变经商命运，而选择了仕途。经过了数十年寒窗苦读，在科举考试中试随后步入仕途，有的还成了朝廷重臣。有许多官员受到了皇帝褒奖，回乡修建牌坊，如“达官名宦”牌坊就是为了表彰有政绩的官员，是由朝廷批准修建的。古代中国有着等级森严的社会制度，人们须遵守三纲五常。古徽州人对儒家思想无比尊崇，“百善孝为先”，孝道是中华民族的传统美德，所以在徽州历史中有许多口口相传的孝道故事。另外，儒家思想中推崇女性须遵守三从四德，妇女在丈夫去世之后要保持贞节，继续抚养孩子，在家孝敬老人。当时有人将这些事情做到了极致，所以立下牌坊以表彰他们尽孝和守洁的行为，也是对后人的激励。在徽州古牌坊中还有一种比较常见的牌坊是仕科牌坊，这种牌坊有专门为表彰个人修建，也有为同一姓氏共同表彰而修建的家族式牌坊。如“冯村进士坊”就是其中的一个代表，这个牌坊建造于明成化十五年（1479），是为了表彰村里的进士冯瑢所立，他做官期间为官清廉，经皇帝允许为他修建了一个进士牌坊。

徽州石牌坊外形并不完全相同，但主要都是由夹石柱、立柱与额枋、雀替、匾额以及斗拱等基本构件组成。在观察牌坊建筑时，顺着视线自下往上看，夹柱石首先引起人们注意。夹柱石，顾名思义，它的主要作用就是夹紧柱子，两个石头夹着一根柱子，对整个建筑起到稳固的作用。夹石柱还被称为“抱鼓石”或“日月金刚腿”，它是牌坊建筑中特有的物件。额枋是把牌坊两个柱子连在一起的衡梁，它是整个牌坊的重要组成部分。额坊在牌楼不同的位置叫法不同，有大额坊、小额枋或平板坊等。明朝时期，大部分牌坊上都会刻有花鸟人物装饰图案；到了清朝早期，大部分额坊则变成简单的白板。雀替在宋代被称为“角替”，到了清代称为“雀替”，又被称为“插角”或“托木”，主要作用就是托举横梁与柱子之间的负重，可以起到稳固的作用。雀替的作用随着时代发展逐渐由稳固作用变成了建筑装饰物，起到美化的效果；到了清朝后期，雀替的装饰性变得越来越强，石质更为细腻，装饰图案越来越复杂，成为牌坊建筑中不可或缺的重要装饰物。斗拱是中国古代建筑的一个重要结构部件，不止出现在牌坊中，在古代建筑中也经常使用。斗拱在立柱、额枋和顶部之间，从枋上加的一层层探出成弓形的承重结构叫“拱”；拱与拱之间垫的方形木块叫斗，合称“斗拱”。龙凤牌又被称为“圣旨板”或“圣旨牌”。古时候牌坊都是经由皇家允许后才可以建造，所以龙凤牌的装饰上用到了“龙”元素。龙凤牌的位置在牌坊从顶部数起第一层的中间部分。牌坊龙凤牌写有“御制”“恩荣”“圣旨”等字，将牌坊分为三个等级。龙凤牌上写有“御制”二字的属于一等牌坊；写有“恩荣”二字的属于二等牌坊；第三等牌坊上通常写有“圣旨”，意味地方向朝廷申请，皇帝批准后，家族自己出钱建造的。

棠樾牌坊群

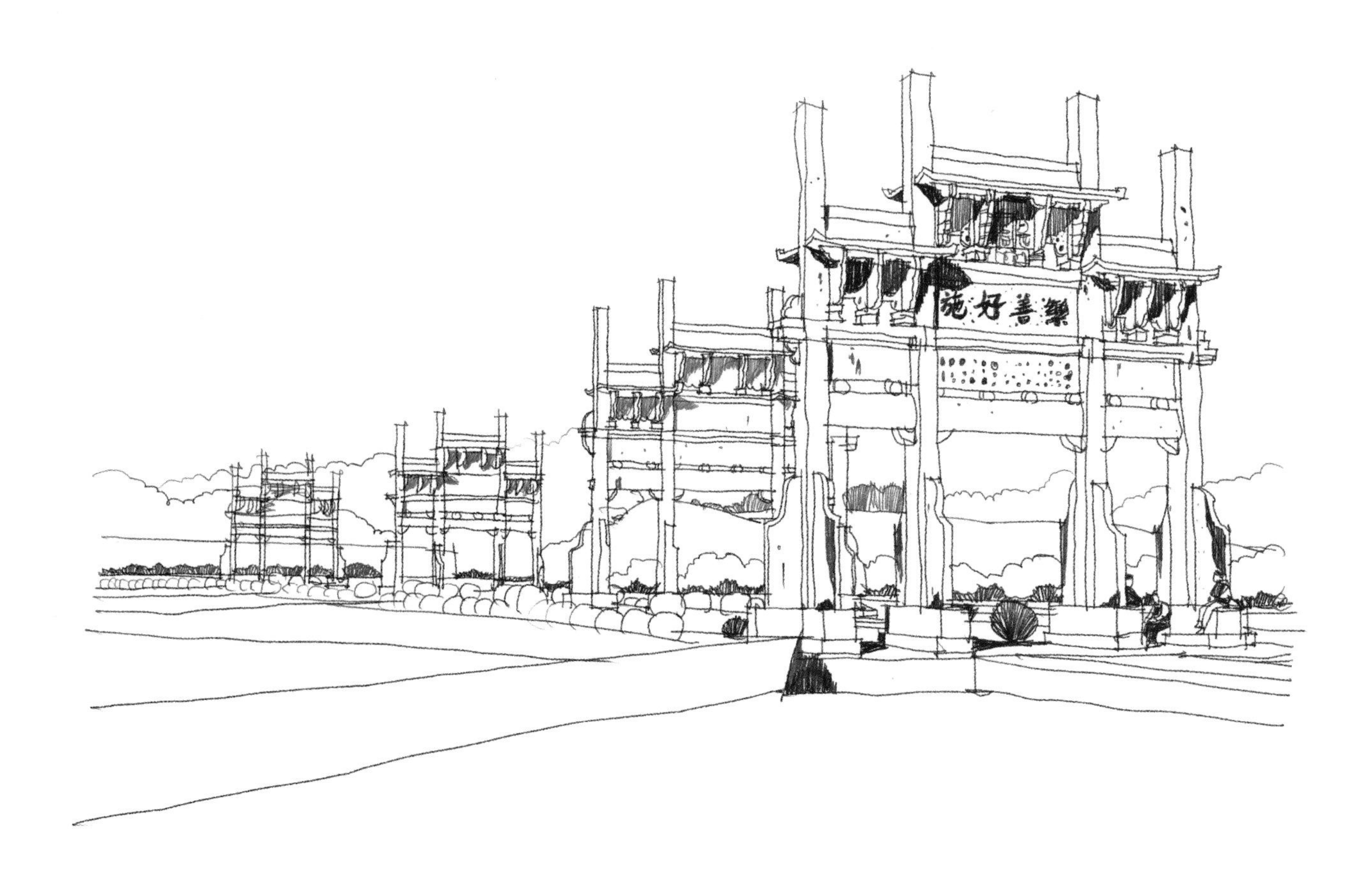

地域归属：安徽省歙县

精确定位：郑村镇棠樾村

建造时期：明清时期

材料形式：“歙县青”石料

简　介

棠樾牌坊群，位于安徽省歙县郑村镇棠樾村东大道上，为明清时期古徽州建筑艺术的代表作。棠樾的七连座牌坊群，不仅体现了徽文化程朱理学“忠、孝、节、义”伦理道德的概貌，也包括了内涵极为丰富的“以人为本”的人文历史，同时亦是徽商纵横商界三百余年的重要见证。每一座牌坊都有一个情感交织的动人故事。乾隆皇帝下江南的时候，曾大大褒奖牌坊的主人鲍氏家族，称其为“慈孝天下无双里，衮绣江南第一乡”。棠樾的七座石牌坊，三座建于明代，四座建于清代，以“忠孝节义”为主题，旌表忠臣良将、孝子节妇，从西到东依次是“鲍灿孝子坊”“慈孝里坊”“鲍文龄妻节孝坊”“鲍漱芳父子义行坊”“鲍文渊妻节孝坊”“鲍逢昌孝子坊”和“鲍象贤尚书坊”。

1

先观察古牌坊群的前后空间关系，确定主体结构的位置，再按照透视关系在纸上确定透视点和构图比例，用简洁的线条刻画出牌坊的外部轮廓框架，同时再按照由近及远的空间关系确定牌坊群的内部空间结构，画出每一座牌坊的定点位置。

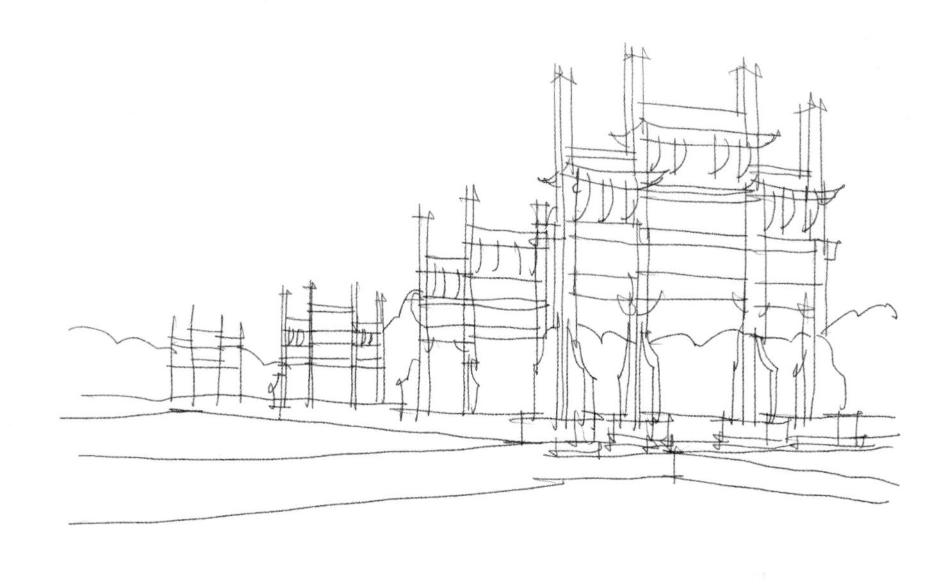

2

古牌坊框架确定以后，通过对古牌坊结构的观察研究，完成每一座牌坊的细节处理，同时处理好牌坊之间的空间透视关系。

3

确定好古牌坊的阴影面和空间明暗关系，通过阴影的加深衬托出明暗关系，同时也能展现出空间关系。

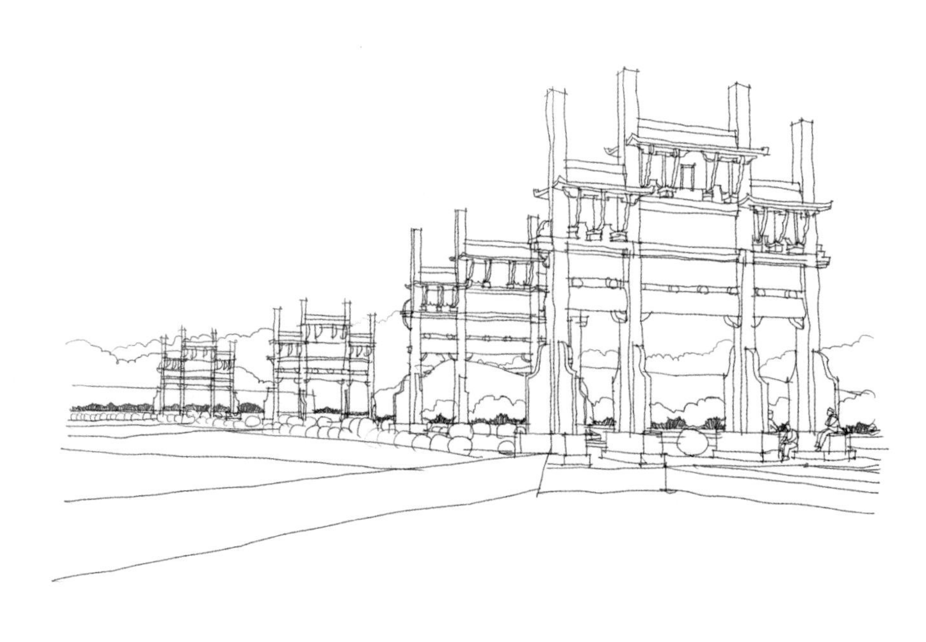

四面四柱石坊

地域归属： 安徽省歙县

精确定位： 富堨镇丰口村

建造时期： 明嘉靖年间

材料形式： 花岗岩、紫砂岩

简　介

四面四柱石坊，石牌坊名，位于歙县丰口村。明嘉靖年间为旌表里人郑绪、郑廷宣而立。四柱平面为正方形，边距约千米，高11米，是四个单间二楼牌坊的组合。南面额枋上刻有“宪台”两个大字，垫板上小字为“云南按察司金事郑绪”。北面竖匾上有“敕赠”两字，额枋上刻“廷尉”两个大字，垫板上小字为“大理寺左寺副郑廷宣”。西面有“恩荣”“进士”等字，东面无字。梁、柱为花岗岩，枋、板为紫砂岩，脊檐下有华拱，竖匾左右雕龙纹。檐枋下雀替雕饰花卉。该坊四柱四面，结构较为罕见。

1

首先确定主体前后景之间的关系，然后明确主体上下部分比例关系，在此基础上，在纸张上绘制物体基本轮廓。

2

对主体物体进一步细化，在绘制过程中注意檐部疏密关系，线条要疏密有度。

3

进一步刻画主体物体，注重细节处理方式，添加阴影强化立体效果。

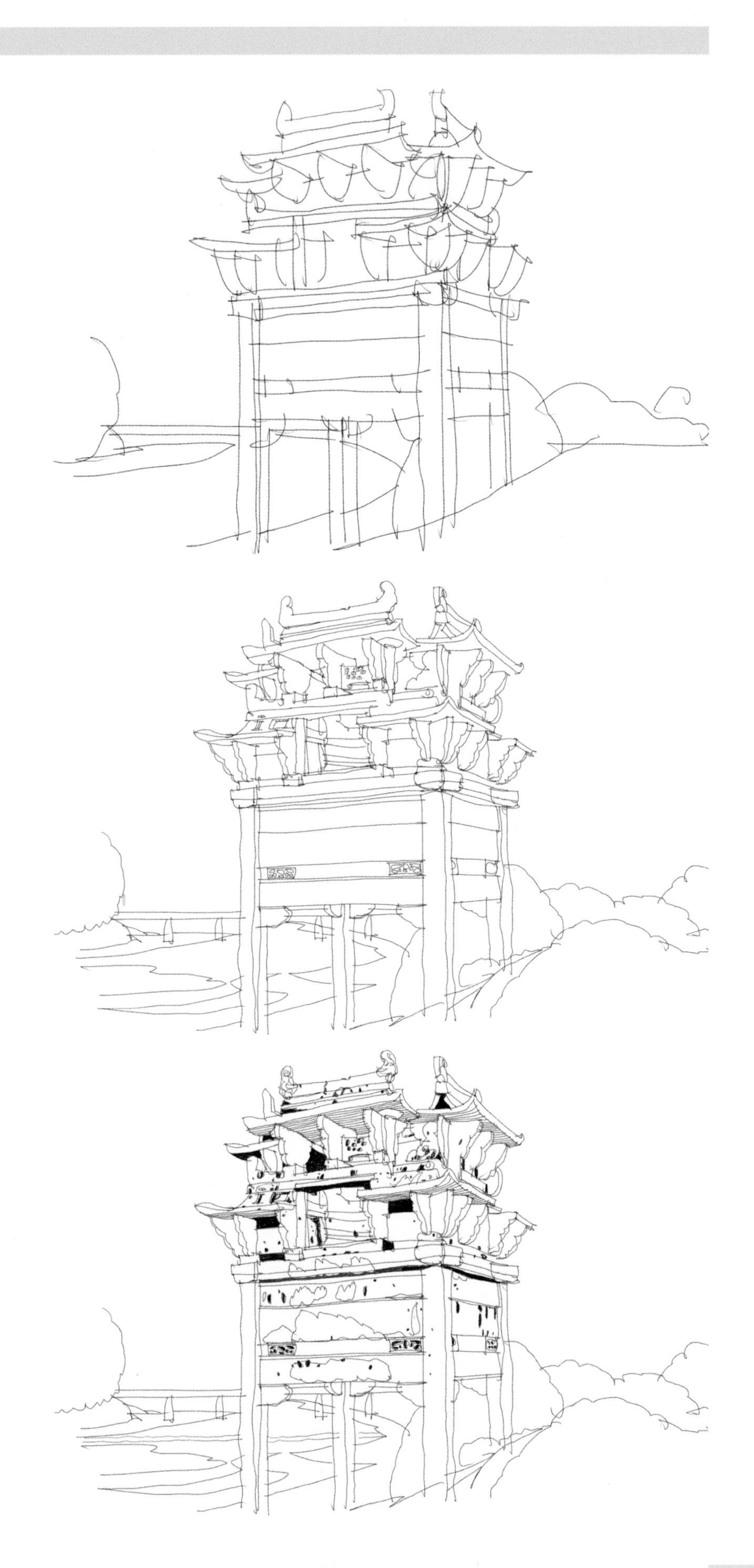

许国石坊

地域归属：安徽省歙县

精确定位：徽城镇阳和门东侧

建造时期：明万历十二年

材料形式：青色茶园石

简　　介

许国石坊，又名大学士坊，俗称“八脚牌楼”，位于安徽省黄山市歙县城内阳和门东侧，跨街而立。其建于明万历十二年（1584）。许国石坊是许氏衣锦还乡时在家乡歙县立的牌坊。许国石坊，不是通常的四柱而是八柱，形成四面围合的结构，全国仅此一例牌坊。它是封建社会为旌表功勋、科第、德政以及忠孝节义所立的建筑，是最能诠释中国古代历史文化的载体，被誉为“东方的凯旋门”。

1

首先确定主体在整个场景中所占的比重，明确透视关系及前后景物关系，在此基础上绘制大体轮廓。

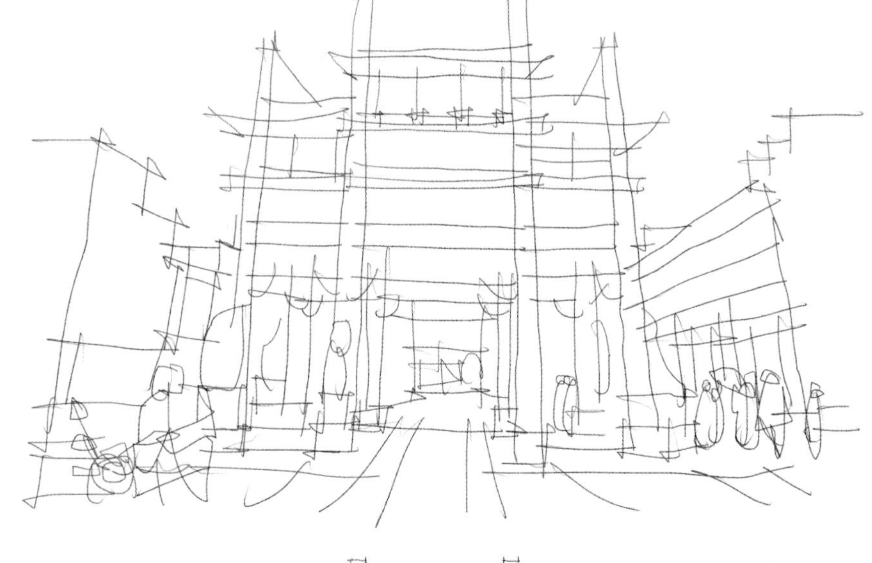

2

观察主体事物局部细节的关系，明确主次之分再进行绘制，绘制过程中注意线条的处理方式。

3

进一步对主体进行刻画，然后配合主体绘制背景事物，注意适度，形成较好的空间感。

地域归属：安徽省歙县
精确定位：歙县雄村
建造时期：清乾隆年间
材料形式：石质

简　介

四世一品坊屹立在歙县雄村村口曹氏宗祠前，是一座三间三楼、四柱冲天式功名坊。乾隆年间为褒奖户部尚书曹文埴祖孙四代而敕建的。

该牌坊高11米，宽8米，雄伟壮观，用灰凝石建造。三楼额枋上刻有“四世一品”四个大字，二楼额枋上刻有曹文埴与其父亲、伯父、祖父、曾祖父的姓名和官衔。特别罕见的是“四世一品”上面刻写的不是“圣旨”，也不是“恩荣”，而是“覃恩”二字：覃（音潭），即深也，说明雄村曹氏与皇上有着很深的关系，同时有功于国，故以“覃恩”二字拨款建造“四世一品坊”。这在徽州牌坊中是独一无二的，在全国也是没有的。故先祖把这座牌坊设立在雄村唯一的进出口曹氏宗祠前，以示尊贵荣耀。

1

确定前景和主景之间的关系，同时明确画面的处理方式，在此基础上，绘制物体基本轮廓。

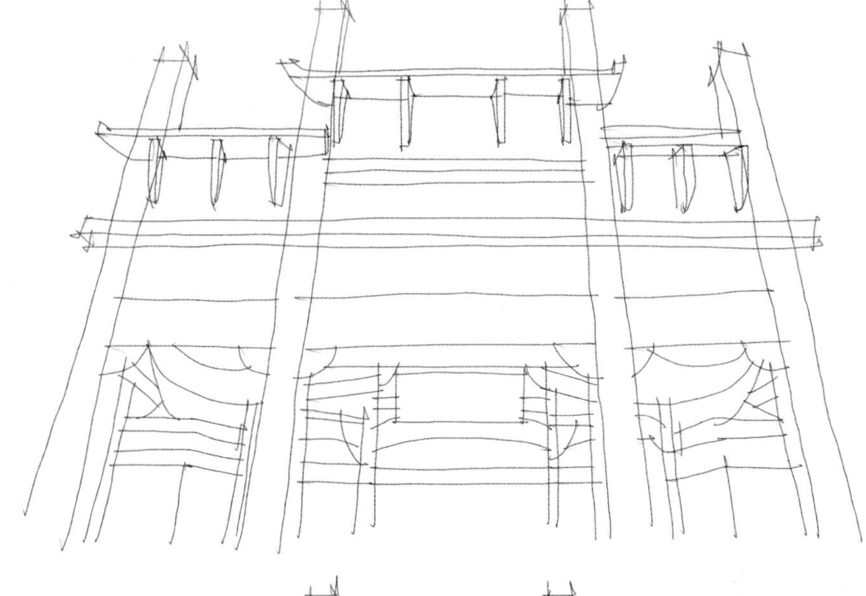

2

细化前景和主景物体，在绘制过程中，注重线条疏密的处理，形成空间的前后关系。

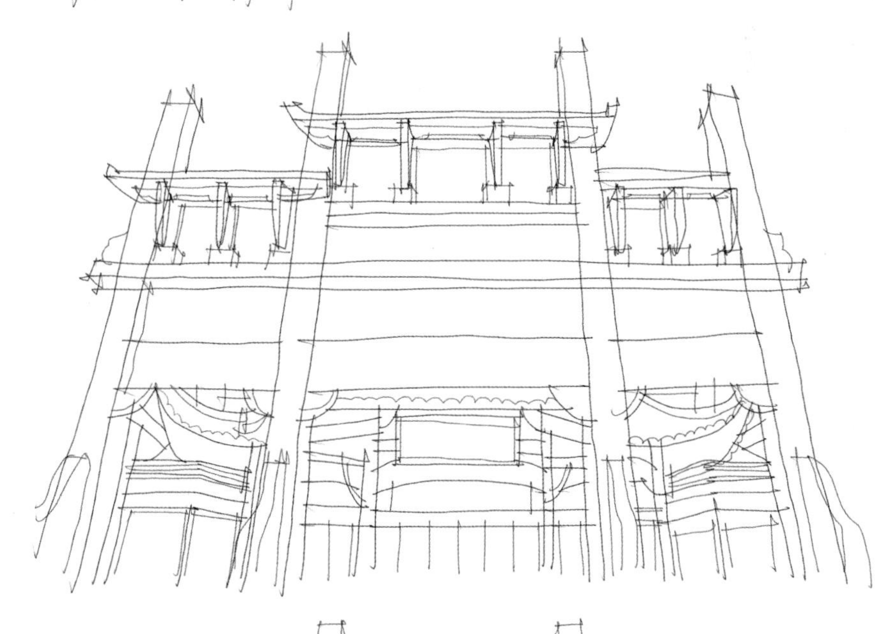

3

进一步明确前景和主景的刻画侧重点，拉开前后空间关系。注意适度的留白处理。

地域归属： 安徽省绩溪县
精确定位： 瀛洲镇龙川村
建造时期： 明嘉靖四十一年
材料形式： 花岗石、茶园石

简　介

奕世尚书坊，石坊名，位于绩溪县龙川村，建于明嘉靖四十一年（1562）。牌坊仿木结构，三门四柱五楼，主体结构由4根柱、4根定盘枋和7根额枋组成，高10米，宽9米。所谓奕世，即一代接一代之意。该坊是为户部尚书胡富、兵部尚书胡宗宪而立。胡富是明成化年间进士，胡宗宪是明嘉靖年间进士，两人刚好相隔60年荣登金榜，故冠以奕世。

1

确定牌坊的高宽比与人的视点，然后对它的基本轮廓进行勾勒，在绘画的过程中不断调整比例关系，确保比例的正确性。

2

在确定基本轮廓以后，根据实景对牌坊较为突出的细节进行细化，并将配景逐渐加入其中。

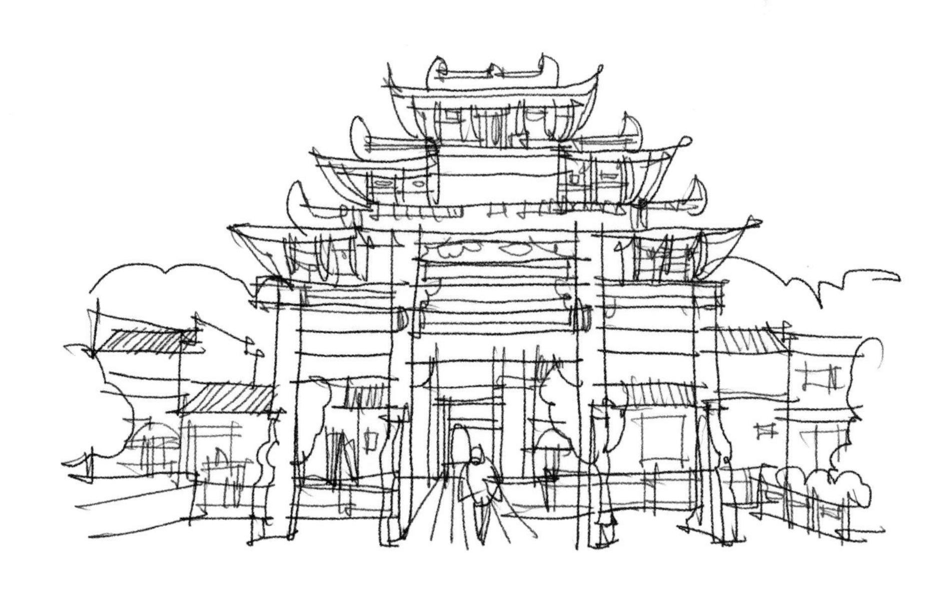

3

对牌坊的明暗关系、其他细节进行进一步描绘，最后在图纸上绘制形态完整的一幅写实画。

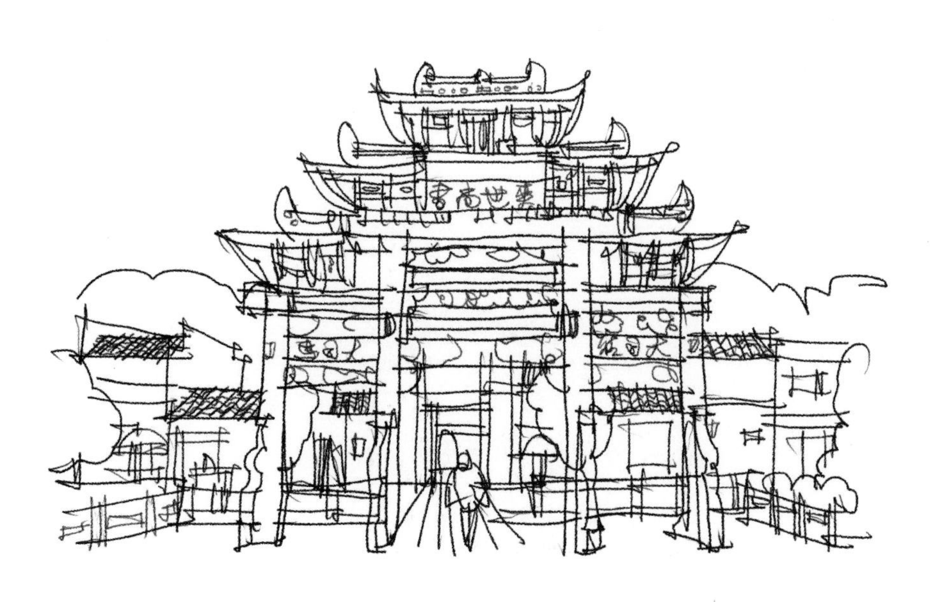

昌溪木牌坊

地域归属：安徽省歙县

精确定位：昌溪乡昌溪村

建造时期：清代中叶

材料形式：柏木

简　介

昌溪木牌坊，木牌坊名，位于歙县昌溪村，员公支祠前，建于清代中叶。四柱三楼，宽8.8米，高7米。四柱石质，抱鼓石支撑。上部木质，有月梁、额枋，斗拱置于额枋之上，顶为重檐庑殿式。明间高出次间一层，匾上书“员公支祠”四个大字。高领垂脊，八角翘起，小青瓦，圆檐滴水。关檐板红漆雕花。

1

首先确定古牌坊的柱子、屋檐的类型以及高宽比，然后对其轮廓进行大致的描绘。

2

在第一步基础之上，细化古牌坊屋檐排布的疏密状态以及柱式的大体分段。

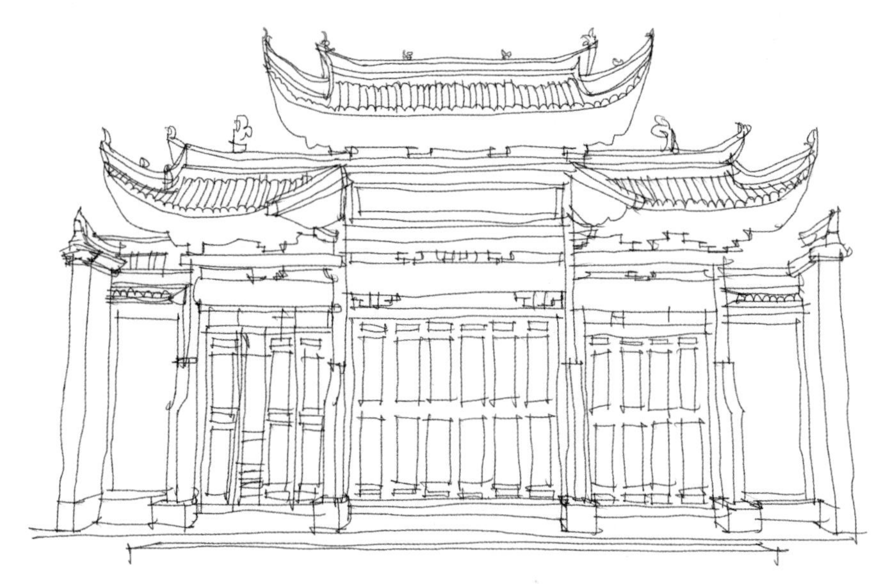

3

最后从前景、后景丰富整个图面，并处理好明暗关系，使得整个图面效果更加具有层次。

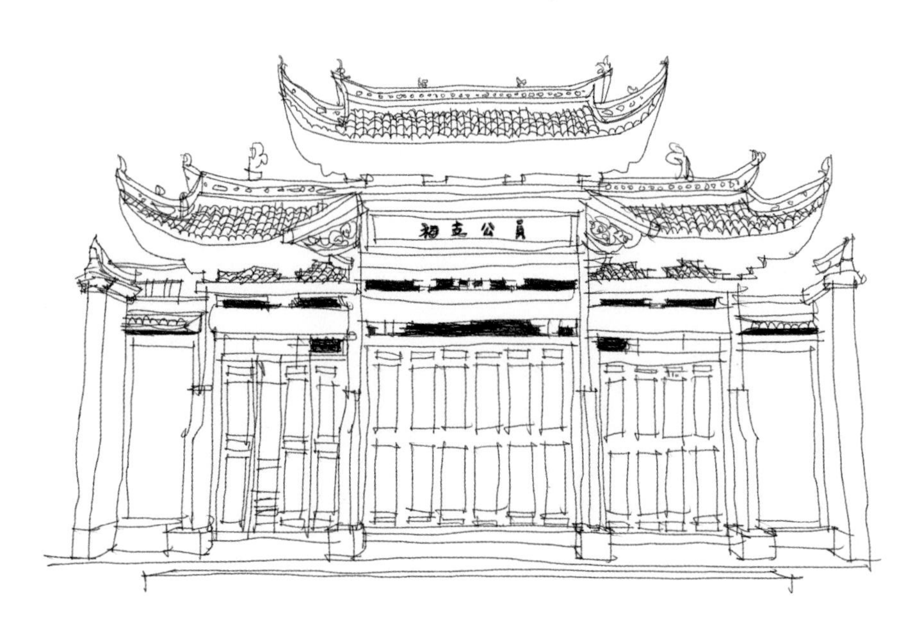

胡文光刺史坊

地域归属： 安徽省黟县

精确定位： 西递村

建造时期： 明万历六年

材料形式： “黟县青”石料

简　介

胡文光刺史坊，石牌坊名，位于黟县西递村前。建于1578年，清乾隆、咸丰年间曾修葺。坊基周围占地100平方米，坊高12.3米，宽9.95米，四柱三间五楼单体仿木结构。通体由质地坚实细腻的“黟县青”石料构成。全坊以四根60厘米见方抹角石柱为整体支柱，上雕菱花图案。柱下有长方形柱墩四个，各高1.6米，东、西长2.8米，宽80厘米。中间二柱前后饰有两对高达2.5米的倒匍石狮，为支柱支脚，造型逼真、威猛传神。

1

首先确定远山、村落、道路与古牌坊之间的远近情况，然后在画纸上进行关系定位，并对主要景进行初次绘制。

2

对古牌坊的基本形态和表现特征进行进一步处理，其次对远景进行大致的描绘。

3

明确图面的留白部分和主要细化的部分，对近景进一步描绘，对不同层次的远景做最后的处理。

地域归属： 安徽省黄山市徽州区
精确定位： 岩寺镇罗田村
建造时期： 明嘉靖丁亥年
材料形式： 白麻石

简　介

该牌坊建于明嘉靖丁亥年间，四柱三间五楼，用徽州的白麻石雕琢砌筑，通体遍饰浮雕，上枋和额枋的图案全部镂空，最高的浮雕高出底板28厘米。与众不同的是，此坊“龙凤榜”处没有题字，只雕刻着一个龇牙咧嘴的鬼像，右手拿着一支笔，左手握着一个“权”，脚后有一方形大斗，“斗”用来衡量人的才华，“笔”用来点状元，有学富五车、才高八斗之意，鬼、斗合起来是“魁”字。牌坊反面雕刻着“月宫桂树图”，正间额枋为双狮戏球，上枋为双大鹏展翅飞翔，体现了立牌坊者希望家族子孙中多出文魁星，有蟾宫折桂、入仕做官的人，以光宗耀祖。

1

对该牌坊进行整体观察，确定出整体的透视角度后，再相继确定四根立柱及匾额的比例关系，对大致形态进行描绘。

2

对该牌坊细节进行局部观察，补充上一步骤的地面与牌坊上装饰系列，进一步完善空间关系，突出明暗效果。

3

与该刻画主体进行对比、完善和丰富，继续细化和调整细节，并完善地面铺装。

许国石坊

四世一品坊一

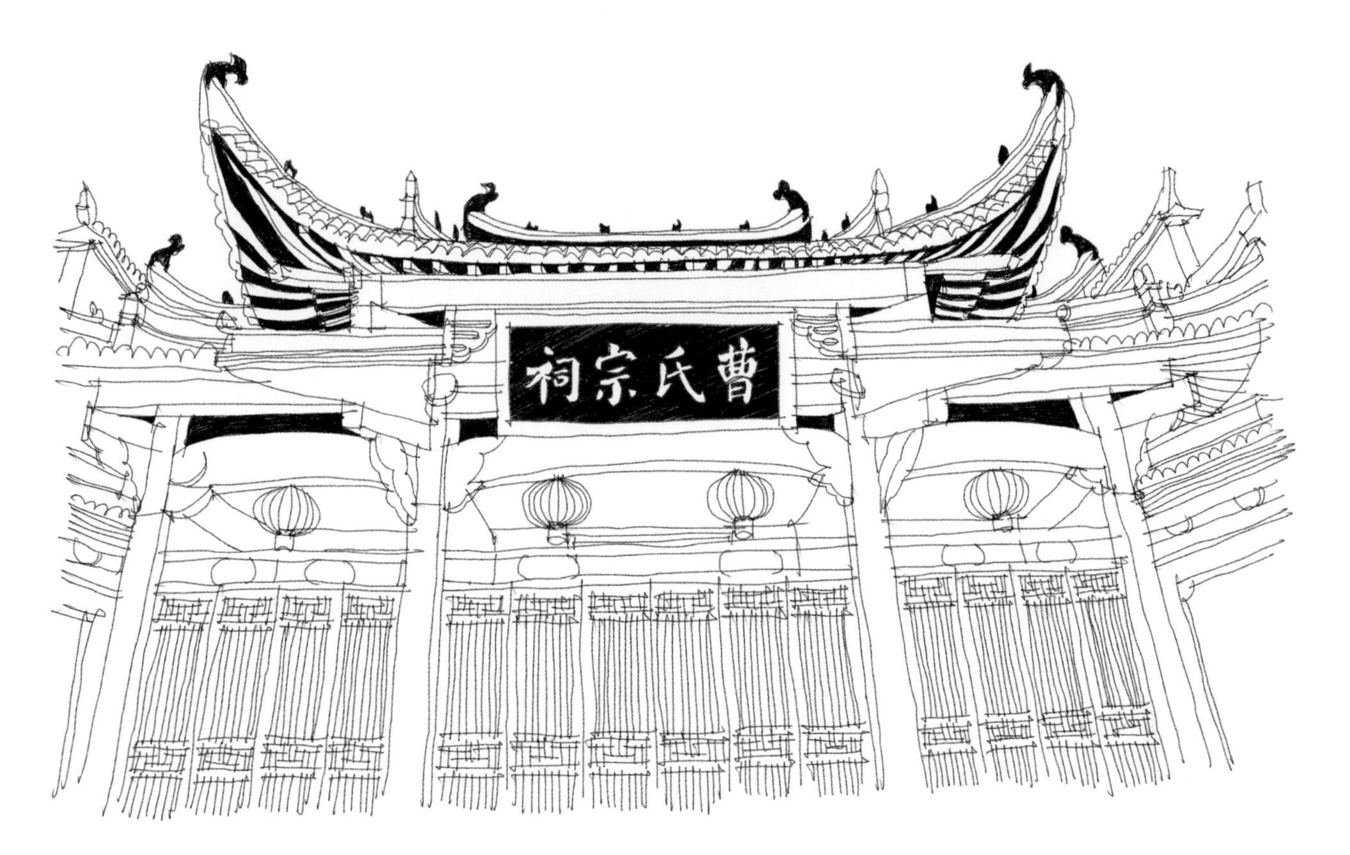

四世一品坊二

四世一品坊三

昌溪木牌坊

胡文光刺史坊

徽州书院

徽州书院源远流长，数量众多，对于历史上的徽州书院可以按不同的标准来区分种类。首先，从书院的创建者来看，可以将徽州书院划为官办书院和民办书院两种类型。官办书院有宋理宗淳祐六年(1246) 州守韩补建的紫阳书院，始建于南门外，后转徙无常，直到太守张芹迁书院于紫阳山麓之老子祠才固定下来；元明间姚链、唐仲建的斗山书院；明万历二十年 (1592) 知县祝世禄建的还古书院等。它们的首创者为官府，但是其书院费用来源主要靠民间捐输。民办书院又可以分为三种：个人创建、宗族创建、数姓合创。柳溪书院、明善书院、桂岩书院、窦山书院等为个人创建的书院；明经书院、心远书院、集成书院等为宗族创建的书院；数姓创建的书院有开文书院等。其次，从教育受众来看，徽州书院可以划分为四种。第一类是在徽州六县挑选"俊秀者"，为其提供学习研究的场所，此类书院有古紫阳书院等。第二类是挑选一县"俊秀者"，为其提供学习研究场所，如问政书院、还古书院等皆属此类。第三类是聘请名师"以教乡之俊秀者"，这类书院大都为宗族创建或乡里书院。第四类是塾学和义学性质的书院，如明弘治时李汛建的李源书院，割田二十亩入书院，"以助族之子弟能读书者"。可以看到，第一类和第二类属于层次较高的教育，而第三类和第四类属于层次较低的教育，面向宗族子弟。

徽州地区历史上就有崇儒重教的传统，而徽州书院的创建者们重视徽州教育的发展，把兴学重教作为创办书院的目标。我们知道徽州是一个宗族社会，除了一些官办书院外，各个宗族为了提高宗族子弟的文化素质，或由宗族创建，或由宗族子弟输资创办。他们尊儒崇文、兴学重教，出资创建书院，为徽州书院的昌盛作出了巨大的贡献。书院创办者之所以如此兴学，大多是出于为宗族培养人才，"大吾门""亢吾宗"的目的。徽州书院的创建者为此倾注了大量的心血和汗水。

徽州书院的办学经费主要有三个来源：一是充分依托宗族的支持。徽州是典型的宗族社会，有重视教育的传统，认为宗族要发展壮大、强盛不衰，要提高在社会上的威望，单凭经济实力上的强大是不够的，更重要的是要树立在政治和学术上的较高地位，徽州的大宗族都把由儒入仕看作光耀门楣的致远大业，于是，在这种思想观念下，清代徽州以宗族为依托创办书院便蔚然成风。宗族教育直接为本族子弟服务，提高宗族成员的文化素质，也为他们走上仕途创造条件，以使宗族获得政治庇护。二是充分依靠徽商的支持。明清徽州是个商贾之乡，执商界牛耳长达三个世纪的徽商人数众多而且实力十分雄厚，徽商把入仕做官视作达到荣华富贵十分重要的途径，为了提升自己的政治地位，拉近与封建官府的关系，选拔更多的宗族优秀子弟科举入仕，他们通过各种办法为族内读书应仕子弟提供经济上的资助和后勤上的保障。宗族创办的书院，其经费来源于徽商，官府办的书院，主要也是靠商人的资助，由此可见，商人在经济上的资助有力地推动了徽州书院的发展。三是商业化经营书院的经济。在徽州地区，无论是官办还是民办的书院，其活动经费的主要来源都是依靠民间的资助，特别是商人的资助，由于徽州的自然地理环境为多山地区，耕地面积小，所以民间对书院的资助大多形式是货币资助。大多数的书院拥有少量的学田或者没有学田，为了维持正常的教学活动徽州书院大多将资金进行商业化经营。

南湖书院

地域归属： 安徽省黟县
精确定位： 黟县宏村
建造时期： 清嘉庆十九年
材料形式： 砖木

简　介

南湖书院是具有传统徽派风格的古书院，占地约6000平方米。书院由志道堂、文昌阁、会文阁、启蒙阁、望湖楼及祗园六部分组成。一湖碧水位于书院前，连栋楼舍接着书院，书院黛瓦粉墙，与碧水蓝天交相辉映。书院原设的志道堂是讲学的地方；文昌阁供奉孔子牌位，学生在这里对孔子瞻仰膜拜；会文阁为学生读四书五经的场所；启蒙阁是启蒙读书之处；望湖楼是闲时观景休息之地；祗园是内苑。

徽商注重对家乡教育的投资，南湖书院就是其中的一处。书院宽敞明亮，雄伟华丽，选址于宏村风景最秀美的地方，坐北朝南，视野开阔。

1

观察物体的透视特征和造型规律，确定物体刻画难点和注意点，在纸面上绘制大概图形。

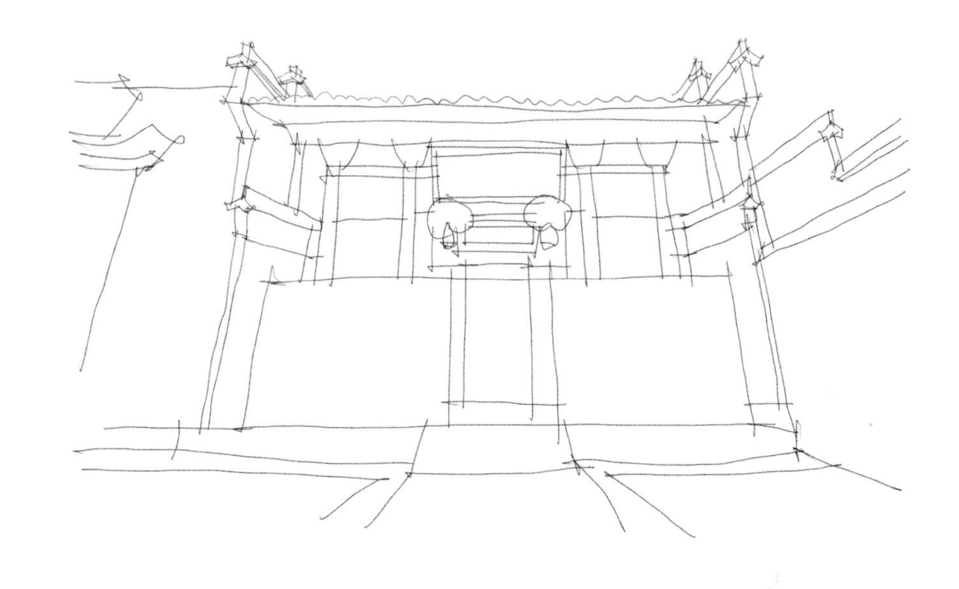

2

完善物体细节，注意物体空间关系的塑造，在刻画过程中，确定刻画重点，做到疏密有致。

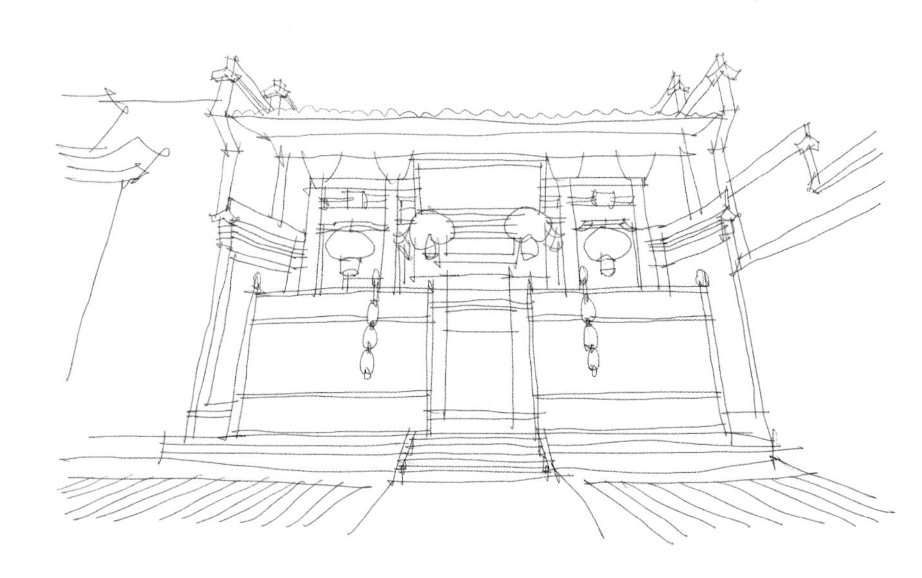

3

进一步刻画物体细节，塑造明暗关系，完成周边配景的绘制。

地域归属：安徽省歙县
精确定位：雄村镇雄村
建造时期：清乾隆二十年至二十四年
材料形式：砖木

简　介

竹山书院位于黄山市歙县雄村镇雄村桃花坝上，系清代雄村曹氏族人讲学之所，并具有教化之责。清代名人沈德潜、袁枚、金榜、邓石如等曾来此讲学。清乾隆二十年至二十四年（1755—1759）建成，现存大部分建筑为原构，是保存较好的一座徽州书院。书院占地约2000平方米，建筑面积1218平方米。竹山书院作为书院代表，培养了诸多人才，也因此被誉为“江南第一古书院”。

1

对该建筑的整体外形的线条进行确定，在保证透视关系正确的前提下由外及内用线条进行统一概括。

2

在上一步骤的基础上采用局部观察，对空间关系和明暗关系进行补充，并进一步刻画建筑细节。

3

在以上基础上对需要完善的部分进行丰富并调整画面，补充明暗关系以此拉开空间层次效果。

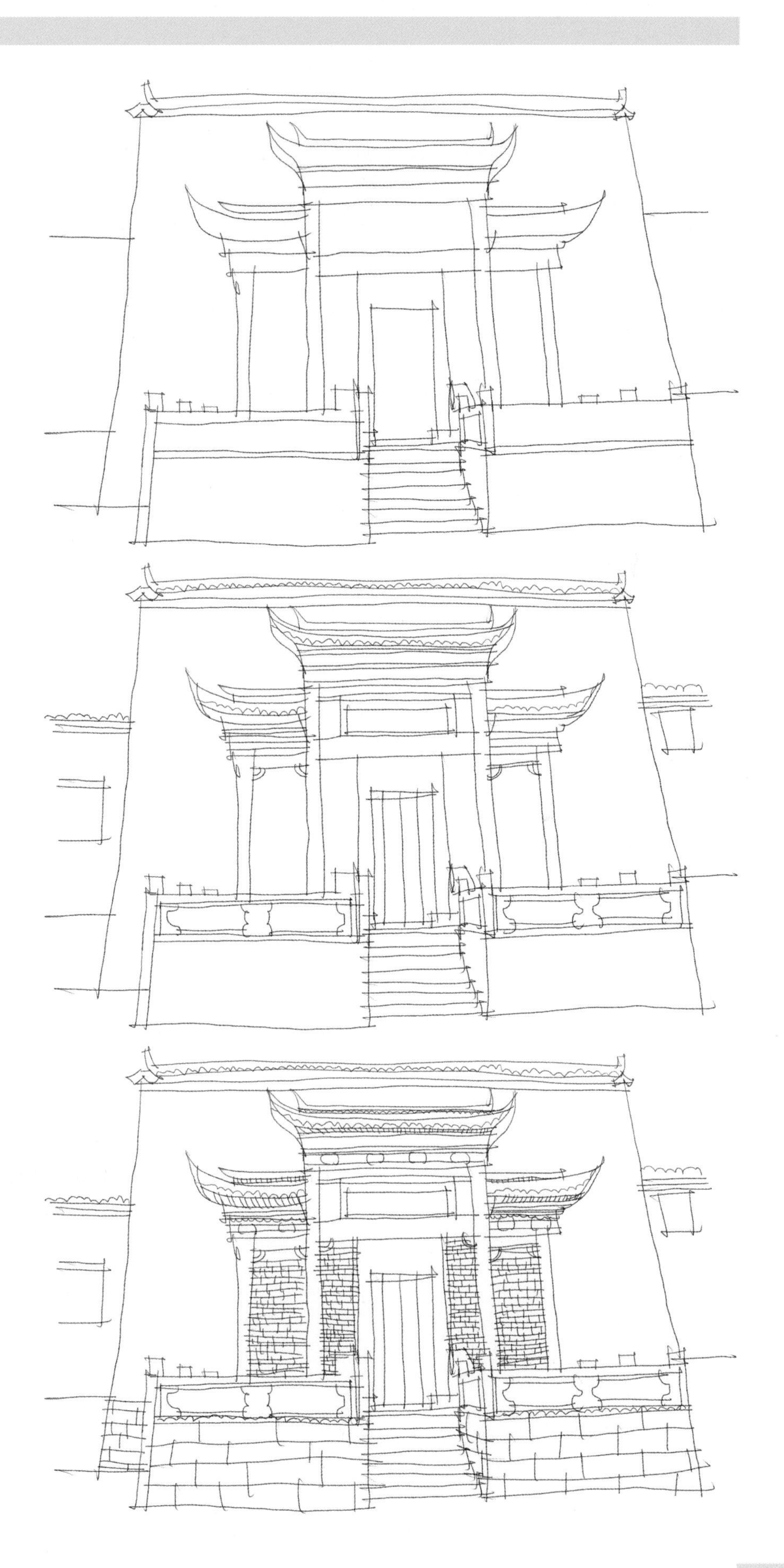

地域归属：安徽省歙县

精确定位：徽城镇问政山西麓

建造时期：宋淳祐五年

材料形式：砖木

简　介

古紫阳书院坐落在安徽省歙县徽城镇问政山西麓，即县学后右侧朱文公祠遗址处。早前，在城南紫阳山也有一座紫阳书院，是宋理宗淳祐五年（1245）为纪念宋代理学家朱熹而建。这个朱熹经常讲学的紫阳书院，曾为徽州最大书院，在南宋时更名列全国四大书院之一。元、明两代，书院几易其址，时兴时毁。清乾隆五十五年（1790），原户部尚书邑人曹文埴倡议在文公祠旧址复建书院，名曰“古紫阳书院”。该书院有建筑物近1800平方米，一直沿用至清末。咸丰年间，紫阳书院毁于兵火。后筹工局只修缮古紫阳书院，两院遂并为一。

1

掌握该角度的刻画主体的主次顺序，采用线条进行一定的概括，并对整体画面的前景进行勾勒。

2

对远景进行局部观察，确定画面的明暗关系与刻画重点，由远及近进行刻画。

3

对中景和近景进行详细描绘，进一步丰富整体画面的细节和层次，并调整最后的明暗空间关系。

地域归属：安徽省绩溪县
精确定位：华阳镇
建造时期：始建于宋
材料形式：砖木

简　介

文庙书院，位于绩溪县华阳镇，始建于宋朝。元至元十三年（1276）毁于战乱，至大元年（1308）重建。明正德七年（1512）对文庙进行大修，使其在原有基础上再进一步扩增，完善了文庙建筑的平面布局及单体建筑。明嘉靖三十九年（1560），邑人少保胡宗宪捐资对文庙再次整修扩建。

1

勾勒出书院的整体框架关系，包括书院的外轮廓以及植被的位置与大小等，找准透视的灭点。

2

绘制书院的门窗，用相对灵活自由的线条，不拘谨。

3

处理画面整体的明暗对比关系，深色的地方可以进行加重，投影内容选用排线表示。

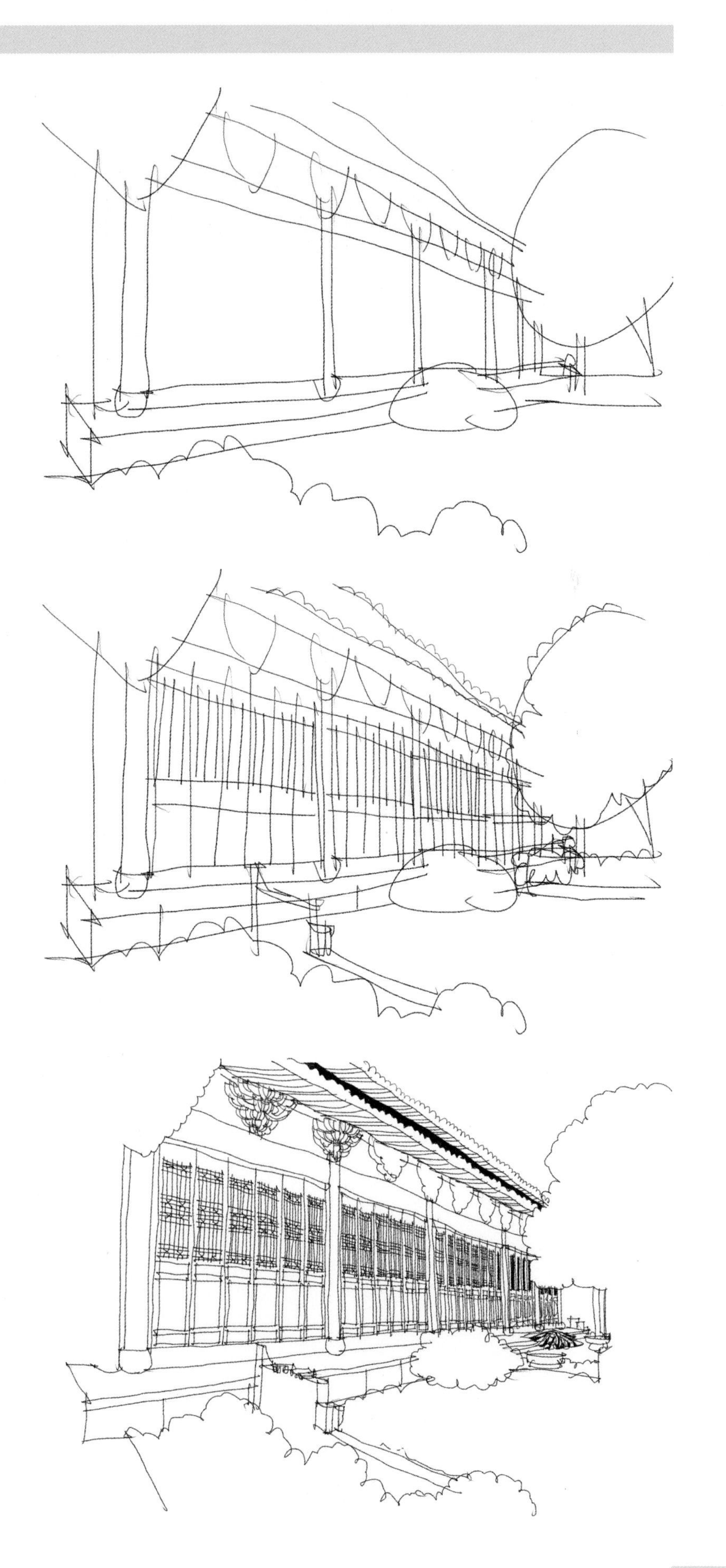

南湖书院一

南湖书院二

现存徽州廊桥，大多建于明清，伴随着明清徽商的勃兴而因此对村落风貌进行重塑。作为徽州村落的重要元素，水口廊桥与徽商村落同时发展兴盛。如歙县许村的高阳桥建于明弘治年间，北岸廊桥建于清代中叶，婺源县思溪的“通济桥”建于明代景泰年间。廊桥作为徽州水口中的元素，除了有桥梁对河流两岸的沟通作用，还有以下实用或精神用途。

关锁。按古人的说法，水口处的水是财的象征，不能轻易让其流失。但让河水中止又是难以办到的，所以要尽量让水口处出水遮蔽受阻，即所谓的水口要“关锁”。据说，去口宜关闭紧密，最怕直去无收。

镇魇。“镇魇”多用于弥补已有的“不吉”或“凶”。徽州聚落，诸如泰山石敢当、风水塔及各种符箓，多用于镇。短缺水口砂一类的水口缺陷，也可以通过“镇”来弥补。绩溪县湖村水口就以镇物雕塑“狮”“象”来弥补水口砂。有时，也可将镇物设在廊桥上。婺源县思溪村水口的通济桥，建于明代景泰年间。桥中间有一根六角形的如来佛石柱，上面镌刻着佛像。从柱上“大清嘉庆三年”的字样看，是桥建成后一段时间才加上的。这是思溪水口的镇物，据说可使“村里的灵气不要外泄，村外的邪气不要进来”。

祈福。徽州廊桥上常辟有佛道一类神龛。歙县许村的高阳桥，桥廊的明间南侧供奉了观音像和烧纸炉，距其不远的北岸村的廊桥，廊中间原有佛龛。这类神龛，常常与佛道等宗教混为一谈。其实，它仅是一种民间信仰。民间信仰是民俗活动的一种，它有别于宗教，没有系统的理论，也没有教规和严密的宗教组织。不同信仰间无排他性。信仰观音，不妨碍祀关公、妈祖。信仰者并非为道德目标，而是为某种祈福禳灾的功利要求。这些铸就了廊桥设各类神龛，用于“祈福”“许愿”“还愿”等功利要求。以婺源彩虹桥为例，居桥中的亭内的神龛，除了居中的禹王神位，龛右边为募化僧人胡济祥神位，左边为创始理首胡永班神位。立禹王的牌位是认为禹王可以镇洪水，祭胡氏的始祖，当然希望得到祖先的荫护。

防御。徽州一些水口即村口，廊桥自然兼有与城门楼相似的防御功能。尤其是早期的水口廊桥，如婺源县庆源村水口桥，有三层楼桥，将村口遮蔽得严严实实，进村要经过桥上的拱门。徽州休宁古林村有水口桥，据古林《黄氏重修族谱》：“东流出水口桥，建亭其上以扼要冲。”随着岁月流逝，徽州安全状况得到改善。一些村落扩张后，老水口已居于村内。廊桥的防御功能弱化，但桥的向背透露了它曾有的防御功用，廊桥多是面对村外的。

游憩。徽州宋元的“廊桥”，准确说是“亭桥”。于桥上建“亭”而非廊，有两层意义：一是有安民的寓意；二是取供歇憩路亭的功能。

行商。中国古代将流动的商贩称为行商，水口廊桥也是商贩活动的场所。徽州聚落常平行于河流设街道，包括沿河的“水街”。经过明清时期的发展，徽州诸多的水口成为村内商业街的节点，廊桥也成为小商贩的活动场所。如歙县呈坎村环秀桥，沟通东街和前后街；再如歙县唐模村，沿溪设有水街穿村而过，溪上清代的高阳桥沟通两街的商店。

洪 桥

地域归属：安徽省黄山市徽州区

精确定位：岩寺镇荫山巷

建造时期：明成化五年

材料形式：砖木

简 介

“洪桥”坐落在岩寺后街，原名“洪福桥”，明成化五年（1469）由郑荣彦所造，四垛三洞，上置五间廊屋，设佛龛。清雍正年间郑为翰重修，民初方德重修。桥面改为石块，上面盖有薄砖和屋瓦，桥上有木柱24根，全部用红漆漆成，桥东有小屋一间，名“香积”。该桥为前往新四军军部旧址必经之路，小屋曾为新四军机要室、电报房。当年叶挺将军常在桥廊与群众促膝谈心。

1

画出廊亭的结构形态线，包括轮廓线和透视线等，用线要干脆并留有余地，交叉线之间的交接要平滑、自由，注意近大远小的透视关系。

2

用排线深化廊亭的主体建筑以及一些周边的植被关系。

3

继续丰富画面的细节关系，对于建筑整体的疏密关系、明度对比关系等做局部的调整。

彩 虹 桥

地域归属：江西省婺源县

精确定位：清华镇清华村

建造时期：南宋年间

材料形式：砖木

简 介

宋代建造的古桥——彩虹桥是婺源廊桥的代表作。这座桥以唐诗“两水夹明镜，双桥落彩虹”的意思取名。桥长140米，桥面宽3米多，4墩5孔，由11座廊亭组成，廊亭中有石桌、石凳。彩虹桥周围景色优美，青山如黛，碧水澄清，坐在这里稍作休憩，浏览四周风光，会让人深深体验到婺源之美。

1

在找准透视的基础上勾勒出临水主体建筑的大致轮廓、建筑在水面的倒影关系、主要的路径关系及前景树的位置。

2

在把握整体形状的基础上，用排线深化临水的主体建筑，丰富路径的铺装形式。

3

处理画面整体的明暗对比关系，深化细节，在暗色的地方可以进行加重。

善 化 亭

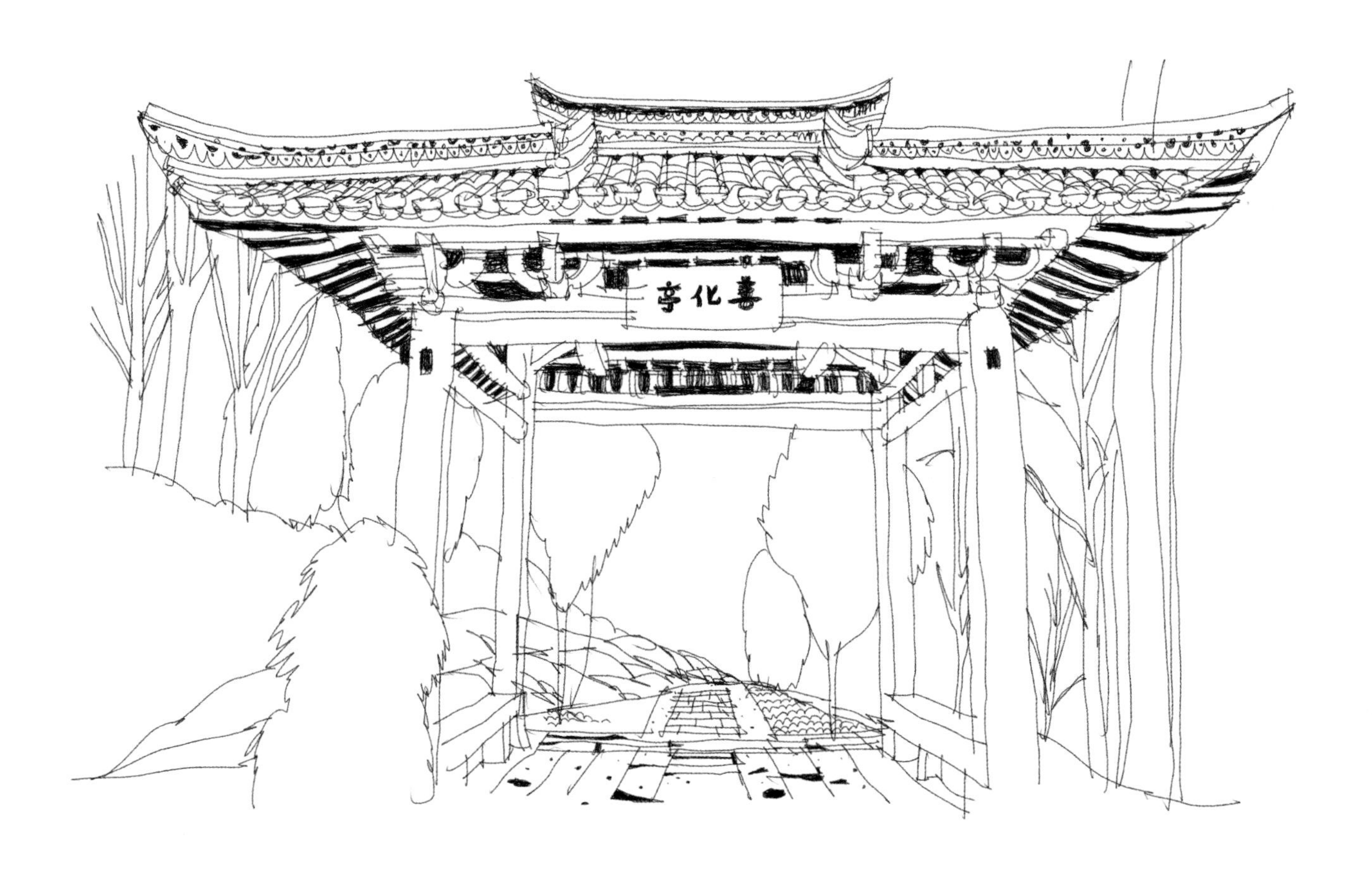

地域归属：安徽省黄山市徽州区

精确定位：潜口镇紫霞峰南麓

建造时期：明嘉靖辛亥年

材料形式：砖木

简 介

善化亭建于明嘉靖辛亥年间，是明代许岩保为方便行人歇脚而建造的一座雨亭。亭平面呈方形，斗拱补间为“一斗三升”，柱头为“斗口跳”，挑出挑檐，两道三架梁上书有“阳春有脚九重天上行来，阴德无根方寸地中种出”和“走不完的前程停一停从容步出，急不来的心事想一想暂且丢开”的对联。

1

画出古廊亭的主体轮廓线、远处坡地的轮廓线及路径透视，注意处理透视的关系。

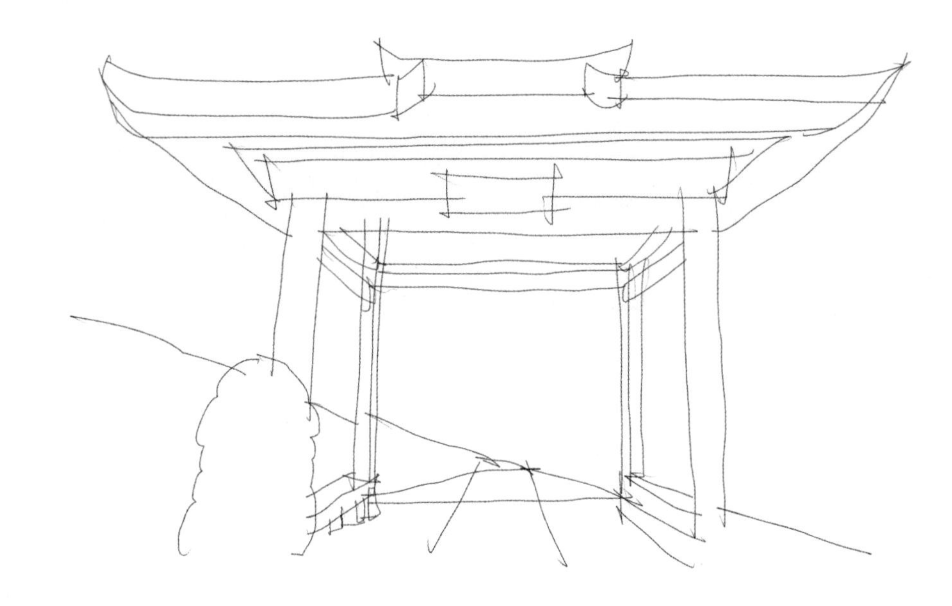

2

继续深化古廊亭的细节，注意排线的疏密关系，重点地方细致刻画，深化植被的形体关系。

3

刻画主体廊亭的榫卯结构及路面铺装的形式，处理整体的明暗关系。

地域归属：安徽省黄山市徽州区
精确定位：西溪南镇西溪南村
建造时期：元天顺元年
材料形式：砖木

简 介

绿绕亭，亭名。位于黄山市徽州区西溪南村老屋阁东南墙脚下池塘畔。元天顺元年（1328）由西溪南名士吴斯能、吴斯和兄弟两个集资建造，明景泰七年（1456）重建。亭平面近正方形，通面阔4米，进深4.36米，高5.9米。亭结构与雕饰风格类老屋阁，唯月梁上绘有包袱锦彩绘图案，典雅工丽，有元代彩绘遗韵。亭临池一侧置“飞来椅”。在亭中近可观繁茂场圃，远可眺绿茵田畴。明著名书画家祝允明曾作《东畴绿绕》一诗赞咏。

1

勾勒出古廊亭的结构形态线，包括轮廓线和透视线以及左侧街巷的位置等，注意透视关系。

2

用排线深化古廊亭的主体建筑，同时加入前景的人物位置关系。

3

处理画面整体的明暗对比关系，对前景植被可以进行虚化处理，对深色的地方可以进行加重。

地域归属：安徽省黄山市徽州区
精确定位：徽州区潜口镇
建造时期：清康熙年间
材料形式：砖木

简 介

沙堤亭建于清康熙年间。此亭形式独特，亭分上下两层，上层中空，四边有虚阁，八个角的飞檐上各悬铁马飞铃，微风吹动，叮当作响。从不同角度看，每个平面均为八角，故又名“八角亭”。

沙堤亭上下共三层，中空，上有回廊。因为它是一种镇风水的标志性建筑，所以没有上楼的楼梯。站在东面进村的路上可以看见“沙堤”二字，出村时的西面可以看见“云路”二字。沙堤亭的独特造型可谓举世无双，全国原样仅这一座。1991年，安徽省发生特大洪水，为感谢全国人民的无私捐助，特复制了此亭于北京陶然亭公园，取名“风雨同舟亭”，意为“一方有难，八方支援”的民族团结精神。

1

明确画面的透视特征和主要刻画对象，依据透视规律，在纸上大致绘制出对象的基本轮廓。

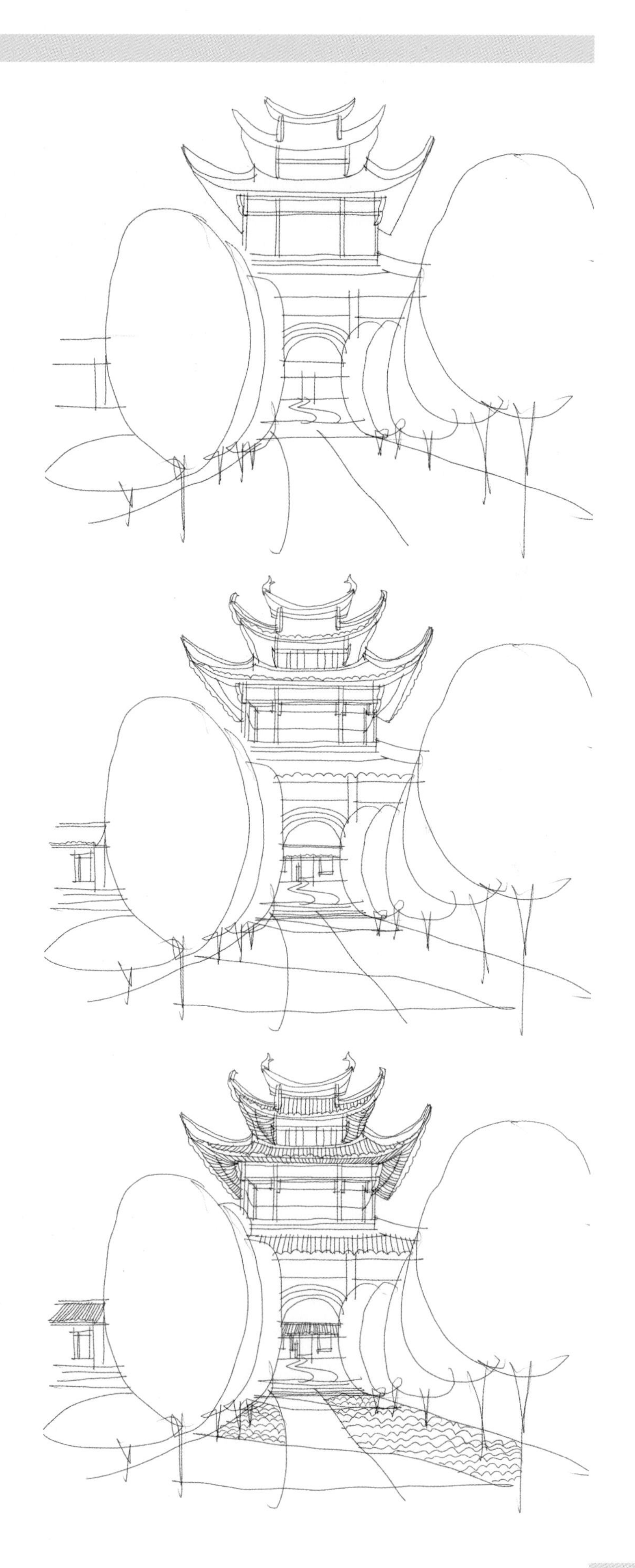

2

完善主体细节，进一步刻画物体造型特点，同时思考被刻画对象的画面处理方式。

3

细化线条疏密关系，明确画面黑白灰处理方式，使线条的表达能够凸显场所的空间特征和物体造型特点。

沙堤亭

善化亭一

善化亭二

塔这一建筑形式是随着佛教传入中国的，本是佛教建筑文化的典型，但在古徽州地区，塔却逐渐抽剥于佛教文化之外，多建于村落水口处，且被附以风水意义。塔的建筑被徽州民众所接受并应用到水口建筑中，在培文脉、壮人文、发科甲的思想影响下，或立于山上，或立于河岸，用以扼住关口、留住财气或兴文运等。

徽州塔，按其功能区分，大致可以分为佛塔、风水塔、文峰塔；按其材质区分，分为石塔和砖石木混合塔两种，形式多为阁楼式塔。虽然徽州古塔具有多种功能，但其主要功用仍集中于精神与仪轨作用。

中国古代的阴阳五行学说，由《易经》发展而来，是我国早期哲学思想对地理环境的分析与认识。随着佛教传入中国，佛塔与阴阳五行学说相结合，就成了“风水塔”。“风水塔的建造，依据风水理论人化自然、赋山川以生命的特点，在山川湖泊之间完美诠释了‘致中和，天地位焉，万物育焉’的中华传统文化审美追求。”“明清时期大量修建的风水塔、风景塔，很多都只是借用佛塔的形式，点化风景，镇一方水土，佑一方百姓。”客观地分析这一建筑现象，可发现风水塔主要有两大功用。

一是风水功用。在传统的徽州地区，读书考取功名被认为是人生的最好出路，但是如果仕途不顺，徽州人则多半选择经商。经商成功的富商大贾往往会花重金向朝廷购买没有实权的官职头衔，以体现自身价值，光耀祖先。有钱的富商人家也会在下一代的教育上有较多投入，以求子孙在未来能够考取功名，并且受古代风水学说影响，为了培文脉，也会建文峰塔，以求当地读书人能够金榜题名、仕途畅达。

二是标志功用。一座高耸笔直的塔，往往被人们当作一个地区的标志性建筑。长庆寺塔位于歙县城西西干山麓，练江之滨，因附近有长庆寺而得名。该塔始建于北宋重和二年（1119），清乾隆四十一年（1776）曾被雷击顶，后经多次修葺，其主体仍保持宋代建筑原样。近年来，歙县将被毁弃的庙宇加以修复，使庙与塔相映成趣，成为一个可供观赏的景点。云门塔位于黟县城北的碧山南麓，始建于清乾隆四十七年（1782），塔高36.4米，共五层，为筒形楼阁式砖体木檐结构。塔的飞檐下饰砖雕，角端悬铁马。微风吹动，叮当作响。它是黟县城北、碧山村南的一个标志性建筑。

由上可见，徽州塔蕴含了丰富的地理人文价值，也反映出了古代徽州人民的精神诉求。

新州石塔

地域归属：安徽省歙县

精确定位：歙县城北

建造时期：南宋建炎三年

材料形式：石质

简　介

新州石塔，原名大圣菩萨宝塔，位于黄山市歙县城西北郊的新州，坐落在今歙县第二中学校园内，为当地程氏弟子奉母妻之请，祈求子嗣而捐资兴建的。原塔八面七层，用赭色麻石凿砌而成，楼阁式，实心，形状如锏。明代曾修葺，现存五层，高4.6米。每层高度不同，层层均有棱形挑檐。

新州石塔底层为基座，现低于地面，建有围栏保护。底层基座边长0.6米。塔第二层有香火炉窟，第三层左右两侧镌有斗大的“佛”字，正面刻有南宋建炎三年（1129）建塔和明嘉靖二十九年（1550）重修铭记，详细地记录了当时建塔之原因以及劝缘人、刊刻匠人的姓名。第四层八面均为“如来神位”字样，第五层八面发券内为如来佛像浮雕。塔上葫芦形宝顶，为近年维修时所增置。

1

找准被刻画物体的造型特征，在纸张上大概绘制物体形态特征。

2

进一步细化，明确物体的造型特征。

3

丰富细节，注重画面黑白灰关系的处理，基本完成对象的整体空间关系绘制，局部作进一步刻画。

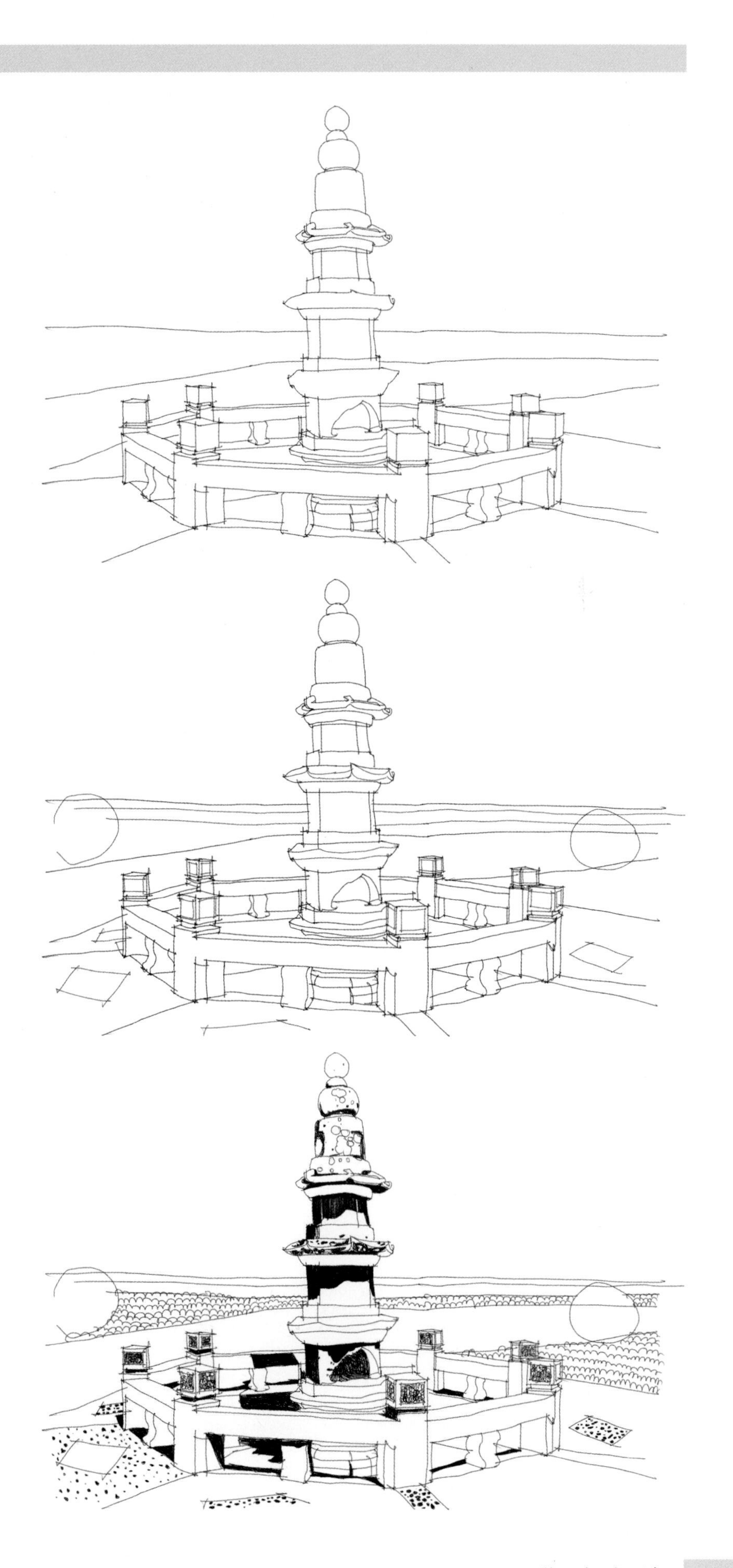

地域归属：安徽省歙县
精确定位：歙县城西练江南岸
建造时期：北宋重和二年
材料形式：砖木

简　介

长庆寺塔，位于黄山市歙县城西练江南岸西干山。此处原有10座寺庙，其中长庆寺旁有一塔，即长庆寺塔。今寺毁塔存，又称十寺塔。该塔于北宋重和二年（1119）由歙县黄备人张应周捐善修建，距今已有近九百年历史。

长庆寺塔历代均有修葺。楼阁式，实心方形，高23.1米，底层平面每边5.28米，须弥座五层，束腰高66厘米，有间柱、角柱。塔身为砖砌，第一层较高，自下而上迭减。底层有木廊，石檐柱间宽4.33米。四面辟有券门，门内置石雕莲瓣佛座。第二层以上墙中间均隐出窗券，各隅砌出半隐半露的方形角倚柱，墙面绘佛像彩色图案。每层檐口用砖叠涩挑出，间以五层斜角牙子。叠涩砖上为木构腰檐，复以筒板瓦。飞檐翼角下，悬铁制风铃。

1

明确两栋建筑之间的比例关系与整体形态，把握住画面的大关系，在纸张上绘制出建筑轮廓。

2

进一步细化建筑主体，采用简单线条勾勒出周边环境。

3

继续详化细节，着重表现建筑的阴影关系，以此表达整体环境的空间感和层次感。

地域归属：安徽省休宁县
精确定位：休宁县海阳镇富琅村
建造时期：明万历二十二年
材料形式：砖

简 介

富琅塔，原名水口神皋，位于徽州（现黄山市）休宁县县城东南的富琅村前，与古城、巽峰两塔相峙。明万历二十二年（1594）都谏邵庶倡建。为楼阁式砖塔，八角七层，现残存基部两层，塔砖长约0.3米、宽0.2米、厚0.1米，上有“万历癸巳寅”“万历癸巳宿”字样。

1

把握建筑与周边环境的整体结构，把建筑和环境的主要轮廓线在纸张上绘制出来。

2

细化建筑形态，进一步明确建筑的造型与形态特征。

3

丰富主体建筑与周边的场地环境，表达出建筑的黑白灰关系，塑造建筑的场所感。

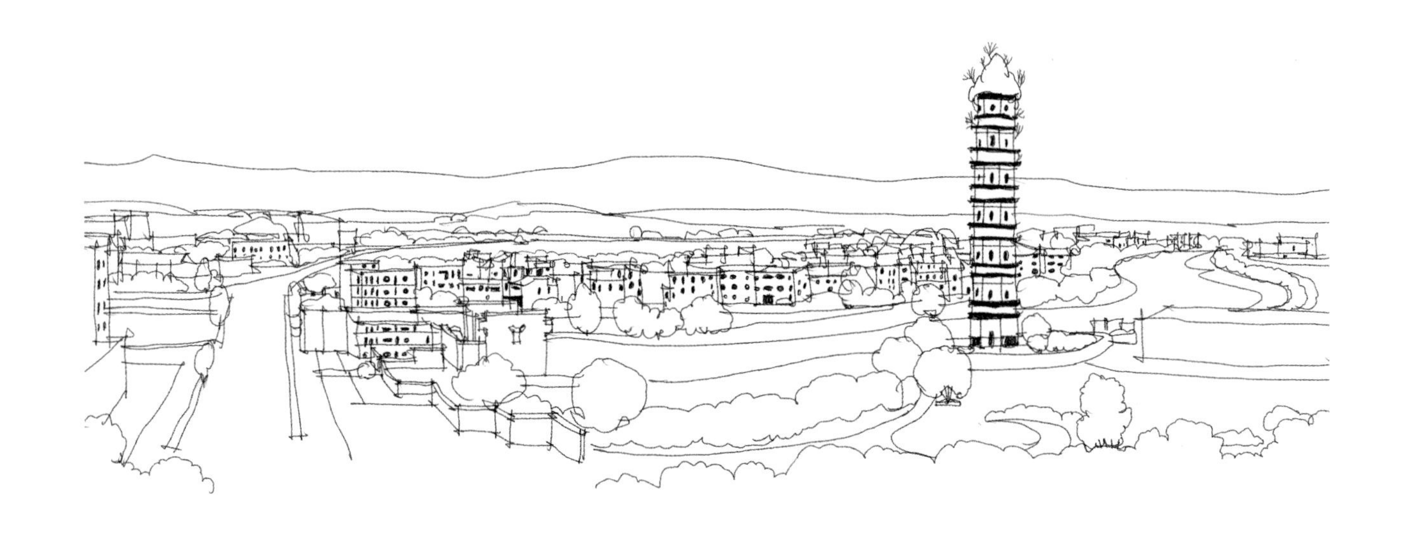

地域归属：安徽省黄山市徽州区

精确定位：徽州区岩寺镇水口长坦山上

建造时期：明嘉靖三十四年

材料形式：砖

简 介

神皋塔，别名水口神皋，位于徽州区岩寺镇水口长坦山上，明嘉靖三十四年（1555）建成。高60余米，八角七层楼阁式砖塔，为全国重点文物。

1

明确主要的刻画对象和主次关系，找准透视，绘出建筑与环境的大致轮廓。

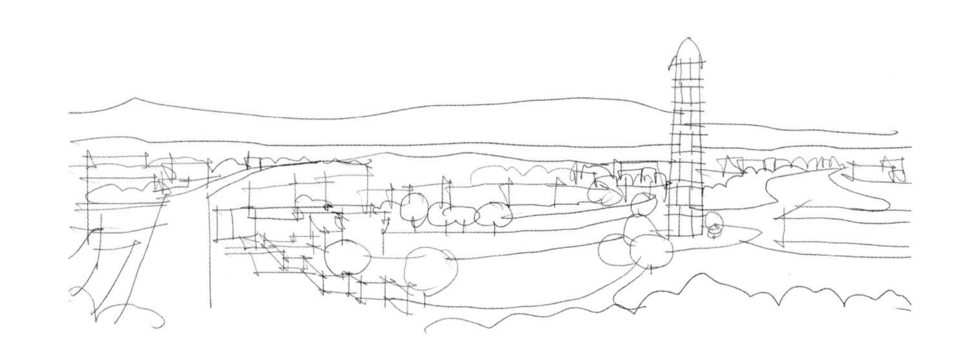

2

深化建筑主体和周边场地特征，着重表现建筑的造型特点以及与周边大环境的比例关系。

3

找准建筑的阴影关系，丰富建筑细节，注意与环境背景的主次关系，使建筑突出且更具立体感。

下 詹 塔

地域归属：安徽省黄山市徽州区
精确定位：徽州区潜口镇潜口村
建造时期：明嘉靖二十三年
材料形式：砖

简　介

该塔位于徽州潜口村南，建于明嘉靖二十三年（1544）。塔七层八角，底层直径约10米，层层缩小，外观如锥，俗称“潜口锥”。塔空心仅两层，第一层四面砌须弥座，墙上绘有佛像；第二层壁间嵌砖雕楣匾，内镌“巽峰”两大字，旁署“嘉靖二十三年甲辰岁，竹溪翁汪道植谨立”；其余五层为实心。现塔檐及顶部已毁。

1

把握建筑的整体形态特征与比例关系，明确造型特点，采用简洁的线条在纸张上大体绘出建筑轮廓。

2

继续完善建筑细节，并采用局部观察法进一步刻画主体建筑。

3

深化细节，通过线条的疏密处理来表达黑白灰关系，丰富建筑形态，从而完善整体画面效果。

长庆寺塔

参考文献

[1] 郑志元. 建筑速写实用技法[M]. 北京：化学工业出版社，2014.

[2] 郑志元，吴冰. 景观设计手绘马克笔实用技法[M]. 北京：化学工业出版社，2015.

[3] 郑志元，魏晶晶. 设计速写初步[M]. 北京：化学工业出版社，2016.

[4] 中华人民共和国住房和城乡建设部. 中国传统建筑解析与传承　安徽卷[M]. 北京：中国建筑工业出版社，2016.

[5] 樊炎冰. 中国徽派建筑[M]. 北京：中国建筑工业出版社，2012.

[6] 江世龙. 中国徽派建筑之旅[M]. 北京：中国建筑工业出版社，2008.

[7] 刘仁义，金乃玲，等. 徽州传统建筑特征图说[M]. 北京：中国建筑工业出版社，2015.

[8] 朱永春. 徽州建筑[M]. 合肥：安徽人民出版社，2005.

[9] 李传玺. 徽州古村落[M]. 合肥：安徽科学技术出版社，2015.

[10] 王南，等. 安徽古建筑地图[M]. 北京：清华大学出版社，2015.

[11] 程极悦，程硕. 徽州传统民居概述[J]. 安徽建筑，2001（3）：21–25.

[12] 姚邦藻，每文. 徽州古祠堂特色初探[J]. 黄山学院学报，2005（1）：16–22.

[13] 方春生. 徽州古祠堂的文化解读[J]. 黄山学院学报，2010（1）：10–13.

[14] 杜红玲. 徽州祠堂的布局和建筑特点分析[J]. 上海交通大学学报（农业科学版），2014（1）：74–78.

[15] 汪华胜，唐德红. 论徽州传统民居的特征及其形成[J]. 设计，2016（19）：150–151.

图书在版编目（CIP）数据

速写·徽州/郑志元著. —合肥：合肥工业大学出版社，2020.12
ISBN 978-7-5650-5087-9

Ⅰ. ①速… Ⅱ. ①郑… Ⅲ. ①建筑画—风景画—速写技法 Ⅳ. ①TU204.111

中国版本图书馆CIP数据核字（2020）第236061号

速写·徽州

郑志元 著　　责任编辑 江 鼎

出 版	合肥工业大学出版社	版 次	2020年12月第1版
地 址	合肥市屯溪路193号	印 次	2020年12月第1次印刷
邮 编	230009	开 本	889毫米×1194毫米 1/16
电 话	艺术编辑部：0551-62903120	印 张	8.25
	市场营销部：0551-62903198	字 数	100千字
网 址	www.hfutpress.com.cn	印 刷	安徽联众印刷有限公司
E-mail	hfutpress@163.com	发 行	全国新华书店

ISBN 978-7-5650-5087-9　　定价：88.00元